ANGEWANDTE PFLANZENSOZIOLOGIE

VERÖFFENTLICHUNGEN DES
INSTITUTS FÜR ANGEWANDTE PFLANZENSOZIOLOGIE
DES LANDES KÄRNTEN

HERAUSGEBER

UNIV.-PROF. DR. ERWIN AICHINGER

HEFT XIV

DIE ZWERGSTRAUCHHEIDEN ALS VEGETATIONSENTWICKLUNGSTYPEN

(FORTSETZUNG UND SCHLUSS)

VON UNIV.-PROF. DR. ERWIN AICHINGER

WIEN
SPRINGER-VERLAG
1957

Schriftleiter:

Univ.-Prof. Dr. Erwin Janchen

ISBN 978-3-211-80434-6 ISBN 978-3-7091-5533-2 (eBook)
DOI 10.1007/978-3-7091-5533-2

Berlin
Verlag von Julius Springer
1957

Inhalt:

Einleitung

Im vorliegenden Heft bringe ich folgende Zwergstrauchheiden:

1. Die *Arctostaphylos Uva-ursi*-Heiden (Bärentrauben-Heiden),
2. die *Arctous alpina*-Heiden (Alpenbärentrauben-Heiden),
3. die *Vaccinium Myrtillus*-Heiden (Heidelbeer-Heiden),
4. die *Vaccinium uliginosum*-Heiden (Moorheidelbeer-Heiden),
5. die *Vaccinium Vitis-idaea*-Heiden (Preißelbeer-Heiden),
6. die *Empetrum hermaphroditum*-Heiden (Krähenbeer-Heiden),
7. die *Globularia cordifolia*-Heiden (Herzblättrige Kugelblumen-Heiden),
8. die *Dryas octopetala*-Heiden (Silberwurzteppiche).

Die Anordnung dieser Zwergstrauchheiden erfolgte rein nach systematischen Gesichtspunkten.

Mit der Besprechung dieser Heiden will ich ebenfalls nur einen forstwirtschaftlichen Beitrag bringen, ohne mich der einen oder anderen pflanzensoziologischen Schule anzuschließen. Die Erkenntnisse der Schule J. Braun-Blanquets sowie der fenno-skandinavischen und übrigen Schulen werden wir nach wie vor für unsere praktischen Arbeiten als Grundlage heranziehen.

Der praktische Forstmann muß bei der Unterscheidung der Zwergstrauchheiden genau so vorgehen wie der Grünlandfachmann, der im Interesse der praktischen Auswertung das Arrhenatheretum elatioris in viele Wiesentypen untergliedern muß. Vor allem muß er die Bestände des trockenen Kalkbodens von denen des trockenen Silikatbodens trennen, diese wieder von den nährstoffreichen, feuchten Auenwald-Bruchwald- und Unterhangböden unterscheiden und die mineralarmen Moorböden gesondert betrachten.

Die vorliegende Besprechung soll also lediglich dem praktisch tätigen Forstmann im Interesse der Ödlandaufforstung einen Hinweis geben, welche Heiden unter den verschiedenen Standortbedingungen besonders auftreten und wie sie entstanden sind.

Die Bärentrauben-Heiden als Vegetations-entwicklungstypen

(*Arctostaphylos Uva-ursi*-Heiden)

Von Erwin Aichinger

Die Bärentrauben-Heiden treffen wir vom Talboden bis in die Alpenstufe auf basischen und silikatischen Böden an. Sie lieben warme, sonnige, windgeschützte Lagen und bevorzugen besonders bodentrockene Nadelwälder, so z. B. den Legföhrenwald (Pinetum Mugi), den Rotföhrenwald (Pinetum silvestris), den Schwarzföhrenwald (Pinetum nigrae), den Zirbenwald (Pinetum Cembrae) und den Lärchenwald (Laricetum deciduae).

Vor allem müssen wir unterscheiden: die bodenbasischen und die bodensauren Bärentrauben-Heiden, innerhalb dieser wieder die primären und die sekundären in den verschiedenen Höhenstufen.

Ich bringe die Bärentrauben-Heiden also in folgender Reihenfolge:

I. Bodenbasische Bärentrauben-Heiden:

1. Die primären bodenbasischen Bärentrauben-Heiden
   a) der warmen Laubwaldstufe,
   b) der kühlen Nadelwaldstufe,
   c) der kalten Alpenstufe.

2. Die sekundären bodenbasischen Bärentrauben-Heiden
   a) der warmen Laubwaldstufe,
   b) der kühlen Nadelwaldstufe.

II. Bodensaure Bärentrauben-Heiden:

1. Die primären bodensauren Bärentrauben-Heiden
   a) der warmen Laubwaldstufe,
   b) der kühlen Nadelwaldstufe,
   c) der kalten Alpenstufe.

2. Die sekundären bodensauren Bärentrauben-Heiden

a) der warmen Laubwaldstufe,

b) der kühlen Nadelwaldstufe.

Allen Bärentrauben-Heiden ist gemeinsam, daß sie wasserdurchlässige, trockene Böden in warmen Lagen besiedeln.

Damit kommen wir zur Besprechung der einzelnen Bärentrauben-Heiden.

I. Bodenbasische Bärentrauben-Heiden.

1. Die primären bodenbasischen Bärentrauben-Heiden,

a) der warmen Laubwaldstufe:

Als Beispiel hiefür bringe ich einen Bestand, den ich im Bergsturzgebiet Unterloibl auf einem 15° Ost geneigten Kalkgeröllboden in 680 m Seehöhe untersuchte.

Floristischer Aufbau:

Arctostaphylos Uva-ursi	4.5	*Globularia nudicaulis*	+.2
Dryas octopetala	2.2	*Hieracium piloselloides*	+.2
Erica carnea	1.2	*Kernera saxatilis*	+.2
Sesleria varia	1.2	*Daphne Cneorum*	+.2
Daphne alpina	+.2	*Teucrium montanum*	+.2
Euphrasia tricuspidata	+.2	*Pinus nigra*	+
Epipactis atrorubens	+.2	*Fraxinus Ornus*	+
Inula ensifolia	+.2	*Juniperus communis*	+
Crepis incarnata	+.2	*Amelanchier ovalis*	+
Hieracium staticifolium	+.2	*Sorbus Aria*	+
Campanula caespitosa	+.2	*Cotoneaster integerrima*	+
Globularia cordifolia	+.2		

Diese *Arctostaphylos Uva-ursi* - Zwergstrauchheide wird sich früher oder später bewalden. Die Arten: *Pinus nigra, Fraxinus Ornus, Juniperus communis, Amelanchier ovalis, Sorbus Aria, Cotoneaster integerrima* leiten die Bewaldung ein und bauen langsam die Zwergstrauchheide ab.

Die Vegetationsentwicklung dieses Bestandes führt zum Schwarzföhrenwald. Ich stelle daher diesen Bestand im Sinne meiner Vegetationsentwicklungstypen zum „ARCTOSTAPHYLETUM Uvae-ursi ↗ Pinetum nigrae".

Wie aus vergleichenden Untersuchungen klar hervorgeht, führt die Weiterentwicklung in diesem Gebiete zum Rotbuchen-Tannen-Fichten-Mischwald.

Als weiteres Beispiel hiefür dient die Aufnahme eines Bestandes im Bergsturzgebiet der Schütt, südlich der Thonetmühle am Fuße des Dobratsch auf einem 15° West geneigten Kalkgeröllhang in 580 m Seehöhe, welche folgenden floristischen Aufbau zeigt:

Arctostaphylos Uva-ursi	4.5	*Teucrium Chamaedrys*	+
Erica carnea	2.2	*Daphne alpina*	+
Dryas octopetala	2.2	*Euphrasia tricuspidata*	+
Daphne Cneorum	+.2	*Cotoneaster integerrima*	+
Polygala Chamaebuxus	+.2	*Hippocrepis comosa*	+
Amelanchier ovalis	+	*Calamintha alpina*	+
Sorbus Aria	+	*Rhamnus saxatilis*	+
Pinus silvestris	+	*Cytisus purpureus*	+
Pinus nigra	+	*Fraxinus Ornus*	+
Teucrium montanum	+		

Diese Zwergstrauchheide wird durch die Arten: *Amelanchier ovalis, Sorbus Aria, Pinus silvestris, Pinus nigra, Cotoneaster integerrima* und *Fraxinus Ornus* abgebaut und so der Bewaldung zugeführt.

Wie aus vergleichenden Untersuchungen hervorgeht, verläuft die Vegetationsentwicklung zum Rotföhrenwald.

Demnach stelle ich diesen Bestand im Sinne meiner Vegetationsentwicklungstypen zum „ARCTOSTAPHYLETUM Uvae-ursi ↗ Pinetum silvestris".

Unweit davon finden wir einen Bestand, der völlig von *Pinus nigra*-Jungpflanzen besiedelt ist und sich daher zum Pinetum nigrae entwickelt.

Es ist also vielfach dem Zufall anheimgestellt, ob sich ein *Arctostaphylos Uva--ursi*-Bestand in der warmen Laubwaldstufe zum Pinetum silvestris oder zum Pinetum nigrae entwickelt.

b) der kühlen Nadelwaldstufe:

In dieser Höhenstufe treffen wir primäre *Arctostaphylos Uva-ursi*-Heiden nur auf jungen Bergsturz-, Schuttkegel- und Schuttmantelböden an. Auf älteren Böden handelt es sich hingegen durchwegs um Waldverwüstungsgesellschaften und damit um sekundäre Heiden.

c) der kalten Alpenstufe:

Einen bodenbasischen Bestand der Bärentrauben-Heide untersuchte ich in der Alpenstufe des Latschur ober dem Weißensee auf sehr wasserdurchlässigem, grusigem Kalkboden in 2150 m Seehöhe.

Floristischer Aufbau:

Arctostaphylos Uva-ursi	4.3	*Globularia cordifolia*	+.2
Erica carnea	2.3	*Biscutella laevigata*	+.2
Dryas octopetala	2.2	*Campanula cochleariifolia*	+.2
Juniperus sibirica	1.2	*Achillea Clavenae*	+.2
Senecio abrotanifolius	1.2	*Helianthemum grandiflorum*	+.2
Calamintha alpina	1.1	*Pinus Mugo*	+.2
Betonica divulsa (Stachys Jacquini)	1.1	*Hieracium villosum*	+.2
Oxytropis montana	+.2	*Ranunculus hybridus*	+.2
Scabiosa lucida	+.2	*Anthyllis alpicola*	+.2
Sesleria varia	+.2	*Polygala Chamaebuxus*	+.2
Phyteuma orbiculare	+.2	*Pedicularis verticillata*	+.2
Calamagrostis varia	+.2	*Carduus defloratus*	+

Dieser Bestand zeigt schon sehr viel Beziehungen zum Seslerieto-Semperviretum und ist als Pioniergesellschaft aufzufassen. Wie die Vegetationsentwicklung weiter verläuft, etwa zum Pinetum Mugi, konnte nicht eindeutig geklärt werden.

Der Bestand wird von Schafherden immer wieder aufgesucht.

In der kalten Alpenstufe erfolgt die Vegetationsentwicklung sehr langsam und wir treffen daher dort Bärentrauben-Heiden auch auf älteren Böden an.

2. Die sekundären bodenbasischen Bärentrauben-Heiden,

a) der warmen Laubwaldstufe:

Auf einem 15° geneigten SO-Hang in 600 m Seehöhe in Unterloibl bei Ferlach, westlich des Zollhauses, habe ich einen Bestand auf Grobgeröllboden aufgenommen und fand folgenden floristischen Aufbau:

Arctostaphylos Uva-ursi	4.5	*Coronilla vaginalis*	+.2
Juniperus communis	3.4	*Daphne Cneorum*	+.2
Erica carnea	2.3	*Platanthera bifolia*	+
Berberis vulgaris	2.3	*Cytisus purpureus*	+
Polygala Chamaebuxus	1.2	*Galium verum*	+
Calamagrostis varia	1.2	*Cyclamen europaeum*	+
Globularia cordifolia	1.2	*Lathyrus pratensis*	+
Sesleria varia	1.2	*Campanula caespitosa*	+
Buphthalmum salicifolium	+.2	*Potentilla erecta*	+
Carex alba	+.2	*Teucrium montanum*	+
Euphorbia Cyparissias	+.2	*Hippocrepis comosa*	+
Leontodon hyoseroides	+.2	*Vaccinium Myrtillus*	+
Amelanchier ovalis	+.2	*Vaccinium Vitis-idaea*	+
Viburnum Lantana	+.2	*Genista germanica*	+
Fraxinus Ornus	+.2	*Genista sagittalis*	+
Rhamnus saxatilis	+.2	*Thymus ovatus*	+

Aus vergleichenden Untersuchungen kommen wir zur Feststellung, daß dieser Bestand ein Verwüstungsstadium eines Schwarzföhrenwaldes ist und sich wieder zum Schwarzföhrenwald entwickeln wird.

Das herrschende Vorkommen von *Juniperus communis* ist durch die ungeregelte Weidenutzung zu erklären, denn das Weidevieh frißt vor allem die wohlschmeckenden Gräser und Kräuter und läßt die dornigen und stacheligen Sträucher sowie alle jene Pflanzen zurück, deren Geruch und Geschmack ihm nicht zusagen. Daher breiten sich *Juniperus, Berberis, Rhamnus saxatilis, Genista germanica, Genista sagittalis, Erica carnea, Arctostaphylos Uva-ursi* und *Euphorbia Cyparissias* aus.

Im Sinne meiner Vegetationsentwicklungstypen stelle ich diesen Bestand zum „Pinetum nigrae ↘ ARCTOSTAPHYLETUM Uvae-ursi juniperetosum communis ↗ Pinetum nigrae".

Für die Forstwirtschaft müssen wir daraus die Folgerung ziehen, daß die Weidenutzung auszuschalten und im Schutze von *Juniperus communis* die Schwarzföhre *(Pinus nigra)* aufzubringen ist. Es zeigt sich immer wieder, daß unter *Juniperus* bester Boden mit hinreichender Wasserhältigkeit vorhanden ist.

G. Einar Du Rietz bringt 1925 in seinen Gotländischen Studien einige Aufnahmen von *Arctostaphylos Uva-ursi*-Kiefernwäldern *(Pinus silvestris - Arctostaphylos Uva-ursi* - Ass.).

Zwei solche Wälder bei Visby, Kolenskvarn, zeigten (3. Juni 1918) auf trockenem Klappersteinwall nahe dem Kliffrande folgenden Aufbau:

Baumschicht:		
Pinus silvestris	4+	5
Strauchschicht:		
Pinus silvestris	1	1
Zwergsträucher:		
Arctostaphylos Uva-ursi	5	5
Juniperus communis		1
Vaccinium Vitis-idaea		1
Kräuter, Stauden und Gräser:		
Festuca ovina	1	2
Anemone Hepatica (= Hepatica nobilis)	1	1
Hieracium Pilosella	1	1
Hieracium sp. *(vulgatiformia)*	1	1
Sesleria varia	1	1
Cynanchum Vincetoxicum	1	
Pteridium aquilinum	1	
Brachypodium pinnatum	1	
Geranium sanguineum		1
Rubus saxatilis		1
Scorzonera humilis		1
Poa pratensis		1

Du Rietz stellt diese beiden Bestände, in welchen die Moose und Flechten völlig fehlen, *Arctostaphylos Uva-ursi* einen fast geschlossenen Teppich bildet und sich Gräser und Kräuter nur vereinzelt finden, zur „Reinen Variante der *Pinus silvestris - Arctostaphylos Uva-ursi* - Ass.".

Wird der *Pinus silvestris*-Bestand geschlagen, so verbleibt die *Arctostaphylos - Uva-ursi* - Heide, welche ich im Sinne meiner Vegetationsentwicklungstypen zum „Pinetum silvestris arctostaphyletosum Uvae-ursi ↘ ARCTOSTAPHYLETUM Uvae-ursi" stelle.

Zwei *Arctostaphylos Uva-ursi*-reiche Kiefernwälder, in denen schon Moose hervortreten, untersuchte Du Rietz am 4. Juni 1918 in Visby, Lille Hästnäs, auf Moränenboden und fand folgenden Aufbau:

Baumschicht:

Aufnahme Nr.:	1	2
Pinus silvestris	5	4+
Picea excelsa	1	

Zwergstrauchschicht:

Arctostaphylos Uva-ursi	5—	5
Juniperus communis	2–3	2
Cotoneaster integerrima	1	
Picea excelsa	1	
Vaccinium Vitis-idaea	1	
Calluna vulgaris		1

Kräuter, Stauden und Gräser:

Anemone Hepatica (= Hepatica nobilis)	1	1
Galium boreale	1	1
Brachypodium pinnatum	1	1
Carex digitata	1	1
Festuca ovina	1	1
Melica nutans	1	1
Hieracium sp. *(vulgatiformia)*	1	
Rubus saxatilis	1	
Luzula campestris	1	
Anemone nemorosa		1
Cynanchum Vincetoxicum		1
Fragaria vesca		1
Geranium sanguineum		1
Pimpinella saxifraga		1
Sesleria varia		1
Sieglingia decumbens		1
Polygala vulgaris		1
Calamagrostis varia		1
Carex flacca		1

Moosschicht:

Rhytidiadelphus triquetrus	1	2
Hylocomium parietinum (= Pleurozium Schreberi)	1	1
Dicranum scoparium	1	
Dicranum spurium	1	
Dicranum undulatum	1	
Cladonia rangiferina		1

Du Rietz stellt diese beiden Bestände, in denen schon anspruchsvollere, krautige Pflanzen und Moose auftreten, zur Normalen Variante (Aufnahme

Nr. 1) und zur grasreichen Variante (Aufnahme Nr. 2). Werden diese *Pinus silvestris*-Bestände geschlagen, so verbleibt eine *Juniperus communis*-reiche *Arctostaphylos Uva-ursi*-Heide, welche bei Weideraubwirtschaft in einen *Juniperus communis*-Bestand übergeht.

Diese Heide stelle ich im Sinne meiner Vegetationsentwicklungstypen zum „Pinetum silvestris arctostaphyletosum Uvae-ursi ↘ ARCTOSTAPHYLETUM Uvae-ursi juniperetosum communis calcicolum ↗ Pinetum silvestris".

G. Einar Du Rietz stellt 1925 in seinen Gotländischen Vegetationsstudien eine „Nackte *Arctostaphylos Uva-ursi* - Assoziation" auf.

Zwei Aufnahmen hatten am 4. 6. 1918 auf den Hejdeby Hällar (auf feinem Kies) folgenden Aufbau:

Floristischer Aufbau:

Aufnahme Nr.:	1	2
Arctostaphylos Uva-ursi	5	4
Thymus Serpyllum s. l.	1	1
Asperula tinctoria	1	1
Cirsium acaule	1	1
Cynanchum Vincetoxicum	1	1
Filipendula hexapetala	1	1
Globularia vulgaris	1	1
Hieracium Pilosella	1	1
Potentilla Crantzii	1	1
Helictotrichon pratense (= *Avenastrum pratense*)	1	1
Carex flacca	1	1
Festuca ovina	1	1
Antennaria dioica	1	
Carlina vulgaris	1	
Sesleria varia	1	
Cotoneaster integerrima		1
Fragaria viridis (= *F. collina*)		1
Galium boreale		1
Galium verum		1
Geranium sanguineum		1
Polygala vulgaris		1
Pulsatilla pratensis		1
Cetraria islandica	2	1

Ich vermute, daß diese *Arctostaphylos Uva-ursi*-Heide ein Waldverwüstungsstadium des *Pinus silvestris*-Waldes ist und sich früher oder später wieder zu diesem Walde entwickeln würde. „(Pinetum silvestris) ↘ ARCTOSTAPHYLETUM Uvae-ursi calcicolum ↗ (Pinetum silvestris)".

Die Beziehung der *Arctostaphylos Uva-ursi*-Heide zur *Avena pratensis - Cetraria islandica* - Assoziation, zur *Festuca ovina - Cetraria islandica* - Assoziation und zur Nackten *Juniperus*-Heide ist in erster Linie durch wirtschaftliche Maßnahmen bedingt.

b) der kühlen Nadelwaldstufe:

Einen bodenbasischen Bestand der Bärentrauben-Heide der kühlen Nadelwaldstufe untersuchte ich in einer sehr sonnig gelegenen Mulde auf der Jauken unterhalb der Trogkofelspitze auf einem 25° S geneigten Hang in 2120 m Seehöhe auf Kalkgeröllboden und fand folgenden floristischen Aufbau:

Arctostaphylos Uva-ursi	3.5	*Daphne striata*	+.2
Juniperus sibirica	3.3	*Sesleria varia*	+.2
Erica carnea	2.2	*Dryas octopetala*	+.2
Globularia cordifolia	1.2	*Sorbus Chamaemespilus*	+.2
Rhododendron hirsutum	1.2	*Calamagrostis varia*	+.2
Ranunculus hybridus	1.2	*Senecio abrotanifolius*	+.2
Rubus saxatilis	1.2	*Vaccinium Vitis-idaea*	+.2
Pirola rotundifolia	+.2	*Vaccinium Myrtillus*	+.2
Biscutella laevigata	+.2	*Achillea Clavenae*	+.2
Laserpitium peucedanoides	+.2	*Dryopteris Robertiana*	+.2
Carlina acaulis	+.2	*Pinus Mugo*	+.2
Epipactis atrorubens	+.2	*Helianthemum grandiflorum*	+
Laserpitium latifolium	+.2	*Carduus defloratus*	+
Betonica divulsa	+.2	*Potentilla erecta*	+
Calamintha alpina	+.2		

Diese *Arctostphylos Uva-ursi* - Heide wird früher oder später von *Pinus nigra,* welcher Strauch im jetzigen Stadium vereinzelt vorkommt, abgebaut.

Einige Arten *(Vaccinium Vitis-idaea, Vaccinium Myrtillus, Potentilla erecta)* dieses Bestandes lassen auf sauren Rohhumusboden schließen. Dazu kommt, daß aus dem Boden alte, abgestorbene Legföhrenreste *(Pinus Mugo)* herausragen. Daraus können wir schließen, daß der *Arctostaphylos Uva-ursi*-Bestand ein Waldverwüstungsstadium des Pinetum Mugi ist und daß *Arctostaphylos Uva-ursi* sekundär sich so herrschend ausgebreitet hat.

Wir müssen also annehmen, daß nach Abhieb des Legföhrenbestandes die Feinerde weggeblasen wurde und *Arctostaphylos Uva-ursi* seine Pioniertätigkeit sekundär begonnen hat. Die azidiphilen Arten wurzeln im restlichen Rohhumusboden des ehemaligen Legföhrenbestandes.

Der Bestand wird alljährlich von Schafen beweidet.

Im Sinne meiner Vegetationsentwicklungstypen stelle ich diesen Bestand zum „Pinetum Mugi ↘ ARCTOSTAPHYLETUM Uvae-ursi juniperetosum sibiricae calcicolum ↗ Pinetum Mugi".

Früher oder später wird der Bestand vom Pinetum Mugi wieder abgebaut werden.

II. Bodensaure Bärentrauben-Heiden:

1. Die primären bodensauren Bärentrauben-Heiden,

a) der warmen Laubwaldstufe:

Ein primärer Bestand, den ich in 1300 m Seehöhe auf jungem Bergsturzboden auf einem 15° geneigten silikatischen Bergsturzboden ober Mallnitz in Kärnten untersuchen konnte, zeigte folgenden floristischen Aufbau:

Arctostaphylos Uva-ursi	4.5	*Leontodon helveticus*	+.2
Juniperus sibirica	2.3	*Silene rupestris*	+.2
Vaccinium Vitis-idaea	2.2	*Campanula barbata*	+.2
Loiseleuria procumbens	1.2	*Poa nemoralis*	+.2
Vaccinium Myrtillus	1.2	*Vaccinium ulignosum*	+
Solidago alpestris	1.2	*Homogyne alpina*	+
Calluna vulgaris	1.2	*Senecio carniolicus*	+
Melampyrum silvaticum	1.1	*Carex sempervirens*	+
Calamagrostis villosa	+.2	*Campanula Scheuchzeri*	+
Nardus stricta	+.2	*Lycopodium Selago*	+
Deschampsia flexuosa	+.2	*Luzula albida*	+
Anthoxanthum odoratum	+.2	*Larix decidua*	+
Helictotrichon versicolor (= Avenastrum versicolor)	+.2		
		Cladonia rangiferina	1.2
		Cetraria islandica	1.2

Vergleichende Untersuchungen ergeben, daß die Vegetationsentwicklung zum Lärchenwald verläuft, denn nicht weit davon ist ein älterer Bergsturzboden, der mosaikartig von einem *Arctostaphylos Uva-ursi*-reichen Lärchenwald besiedelt ist. Ich stelle daher diesen Bestand im Sinne meiner Vegetationsentwicklungstypen zum „ARCTOSTAPHYLETUM Uvae-ursi ↗ Laricetum".

Als weiteres Beispiel für einen primären Bestand bringe ich eine Aufnahme von einem 25° Süd geneigten Silikatschotterboden auf der jungen Böschungsaufschüttung östlich unterhalb der Eisenbahnstation Obervellach, welche folgenden floristischen Aufbau besitzt:

Arctostaphylos Uva-ursi	3.5	*Viscaria vulgaris*	+.2
Calluna vulgaris	3.3	*Campanula rotundifolia*	+.2
Vaccinium Vitis-idaea	2.2	*Festuca rubra*	+.2
Juniperus communis	1.3	*Melampyrum pratense*	+
Lycopodium clavatum	1.2	*Solidago Virgaurea*	+
Deschampsia caespitosa	1.2	*Campanula barbata*	+
Silene rupestris	1.2	*Arnica montana*	+
Sedum maximum	1.2	*Hieracium Pilosella*	+
Vaccinium Myrtillus	1.2^{0}	*Potentilla erecta*	+
Poa nemoralis	+.2	*Larix decidua*	+
Luzula albida	+.2	*Picea excelsa*	$+^{00}$

Wir haben hier zweifellos eine primäre Entwicklung, da ja diese Böschung erst vor rund 50 Jahren mit dem Material des Tauerntunnels aufgeschüttet wurde.

Dieser Bestand wird sich früher oder später zum Lärchenwald entwickeln. Ich stelle ihn im Sinne meiner Vegetationsentwicklungstypen zum „ARCTOSTAPHYLETUM Uvae-ursi ↗ Laricetum".

b) der kühlen Nadelwaldstufe bzw. kalten Alpenstufe:

G. Einar Du Rietz bringt in seiner Arbeit: „Zur Kenntnis der flechtenreichen Zwergstrauchheiden im kontinentalen Südnorwegen" eine ganze Reihe *Arctostaphylos-Uva-ursi*-Heiden.

Drei solche Heiden aus Sökletten zeigten am 17. 6. 1923 folgenden floristischen Aufbau:

Aufnahme Nr.:	1	2	3
Lokale Örtlichkeit	SW-Nase	SW-Nase	Südseite
Seehöhe m	915	960	950
Himmelslage	SW	S	S
Neigung	15°	15°	10°
Arctostaphylos Uva-ursi	5–	5–	4
Vaccinium Vitis-idaea	1	2	1
Betula nana		1	
Calluna vulgaris		1	
Festuca ovina	1	1	1
Pedicularis lapponica		1	
Carex Bigelowii (= Carex rigida)			1
Polytrichum cf. *commune*	1	1	1
Dicranum cf. *scoparium*	1		
Alectoria ochroleuca	4	4+	5
Cetraria cucullata	1	1	1
Cetraria nivalis	1+	1	1
Cladonia alpestris	1	1+	1
Cladonia pyxidata	1	1	1
Cladonia coccifera		1	1
Cladonia rangiferina	1	1	
Cladonia silvatica	1	1	
Stereocaulon paschale	1	1	
Cladonia bellidiflora			1
Cladonia cornuta			1
Cladonia deformis			1
Cetraria islandica	1		
Psoroma hypnorum	1		

Diese Bestände siedeln sehr windexponiert und apern einerseits darum und andererseits wegen ihrer sonnigen Lage sehr früh aus.

Die *Arctostaphylos Uva-ursi*-Heiden reichen im kontinentalen Südnorwegen bis nahezu 1200 m Seehöhe.

Zweifellos handelt es sich hier um eine Dauergesellschaft, die sich infolge der großen Windausgesetztheit in absehbarer Zeit nicht weiterentwickeln wird.

Die Bestände der *Arctous alpina-Alectoria ochroleuca*-Heide verlangen viel mehr winterliche Schneebedeckung.

2. Die sekundären bodensauren Bärentrauben-Heiden,

a) der warmen Laubwaldstufe:

Einen *Arctostaphylos Uva-ursi*-Rotföhren-Heidewald untersuchte H. Steffen in Ostpreußen, und zwar im Kreis Allenstein in der Oberförsterei Purden bei der Försterei in 200 m Seehöhe auf quarzitischem Sandboden und fand folgenden floristischen Aufbau:

Baumschicht:

Pinus silvestris	9

Strauchschicht:

Juniperus communis	4

Niederwuchs:

Arctostaphylos Uva-ursi	6	*Peucedanum Oreoselinum*	4
Vaccinium Vitis-idaea	6	*Calluna vulgaris*	4
Dianthus arenarius	6	*Pirola secunda*	4
Agrostis vulgaris	6	*Thymus Serpyllum*	4
Carex ericetorum	4	*Veronica Dillenii*	4
Koeleria glauca	4	*Jasione montana*	4
Anthericum ramosum	4	*Hieracium Pilosella*	4
Gypsophila fastigiata	4	*Solidago Virgaurea*	4
Spergula Morisonii	4	*Pulsatilla patens*	2
Sedum maximum	4	*Helichrysum arenarium*	2

Moosschicht:

Pleurozium Schreberi	4	*Dicranum undulatum*	4
Polytrichum piliferum	4	*Cladonia silvatica*	2
Cladonia Sect. *Cenomyce*	4	*Cladonia rangiferina*	2
Cornicularia aculeata	4		

Es bedeuten hier die Zahlen:

10: absolut vorherrschend, bestandbildend;
8: noch immer vorherrschend;
6: zurücktretend, aber noch stark mitbestimmend;
4: untergeordnet;
2: vereinzelt.

Wird ein solcher Wald geschlagen, so kommt es auf den quarzitischen Sandböden in Ostpreußen da und dort zu *Arctostaphylos Uva-ursi*-Heiden, zumal *Calluna vulgaris* den Freistand in diesem kontinentalen Klima nicht so gut ertragen kann wie *Arctostaphylos Uva-ursi*. Im Sinne meiner Vegetationsentwicklungstypen stelle ich diese Bärentrauben-Heiden zum „Pinetum silvestris silicicolum ↘ ARCTOSTAPHYLETUM Uvae-ursi ↗ Pinetum silvestris".

Dies gilt besonders für *Calluna vulgaris*-reiche *Pinus silvestris*-Wälder.

So zeigt H. Steffen den floristischen Aufbau eines solchen Waldes im Kreis Sensburg in der Oberförsterei Guszianka bei Nieden auf:

Baumschicht:

Pinus silvestris	9

Strauchschicht:

Juniperus communis	8

Niederwuchs:

Calluna vulgaris	8	*Luzula pilosa*	4
Arctostaphylos Uva-ursi	6	*Vaccinium Vitis-idaea*	4
Anthoxanthum odoratum	6	*Thymus Serpyllum*	4
Festuca ovina	6	*Antennaria dioica*	4
Fragaria vesca	6	*Pulsatilla pratensis*	2
Melampyrum pratense	6	*Pulsatilla patens*	1

Moosschicht:

Pleurozium Schreberi	8	*Hylocomium splendens*	4
Dicranum undulatum	6		

Wird also dieser Wald geschlagen, so verliert *Calluna vulgaris* in diesem kontinentalen Klima seine Lebenskraft und geht zurück, während sich *Arctostaphylos Uva-ursi* ausbreitet.

Im übrigen erreicht die Bärentraube in sandigen *Pinus silvestris*-Wäldern auf dem sehr trockenen Preußischen Landrücken im wenig geschlossenen Heidewald eine viel größere Verbreitung als im *Calluna vulgaris*-reichen Rotföhrenwald.

b) der Kühlen Nadelwaldstufe:

In einer sonnigen Mulde unter der Hindenburgspitze ob Mallnitz studierte ich auf einem 15° geneigten S-Hang auf Silikatgrobgeröllboden in 2030 m Seehöhe einen sekundären *Calluna vulgaris*-reichen *Arctostaphylos Uva-ursi*-Bestand als Waldverwüstungsstadium des Lärchen-Zirbenwaldes und fand folgenden floristischen Aufbau:

Arctostaphylos Uva-ursi	3.4	*Luzula multiflora*	+.2
Calluna vulgaris	3.4	*Carex sempervirens*	+.2
Juniperus sibirica	2.2	*Festuca varia*	+.2
Deschampsia flexuosa	2.2	*Anthoxanthum odoratum*	+.2
Vaccinium Vitis-idaea	1.2	*Juncus trifidus*	+.2
Campanula barbata	1.2	*Phyteuma hemisphaericum*	+.2
Helictotrichon versicolor	+.2	*Gentiana Kochiana*	+.2
Carex pilulifera	+.2	*Festuca rubra*	+.2
Campanula Scheuchzeri	+.2	*Potentilla erecta*	+.2
Arnica montana	+.2	*Calamagrostis villosa*	+.2
Hieracium Pilosella	+.2	*Luzula albida*	+.2
Polygonum viviparum	+.2	*Loiseleuria procumbens*	+.2
Senecio carniolicus	+.2	*Nardus stricta*	+.2
Pulsatilla alpina	+.2	*Hypochoeris uniflora*	+
Vaccinium Myrtillus	+.2	*Antennaria dioica*	+
Vaccinium uliginosum	+.2		
Potentilla aurea	+.2		

Es handelt sich hier um die Subassoziation callunetosum des Junipereto-Arctostaphyletum (Br.-Bl. 1926) Haffter 1939, welche auf weniger steilen Hängen luftfeuchtere Gebiete kennzeichnet.

Dieser Bestand ist zweifellos ein Waldverwüstungsstadium des Lärchen-Zirbenwaldes, und es ist anzunehmen, daß er sich früher oder später wieder zu diesem Walde entwickeln wird.

Im Sinne meiner Vegetationsentwicklungstypen stelle ich diesen Bestand daher zum „Lariceto-Pinetum Cembrae ↘ ARCTOSTAPHYLETUM Uvae-ursi silicicolum ↗ Lariceto-Pinetum Cembrae“.

Forstwirtschaftlich gesehen wäre es ohne besondere Mühe möglich, diesen Bestand wieder mit *Larix decidua, Pinus silvestris-engadinensis, Pinus Cembra, Sorbus aucuparia* subsp. *glabrata, Betula pubescens* aufzuforsten, denn diese Lage ist hier warm und windgeschützt. Nur müßte man darauf Bedacht nehmen, daß bodenständige Standortsrassen verwendet werden.

Nackte *Arctostaphylos Uva-ursi* - Assoziationen untersuchte G. Einar Du Rietz auf Südhängen im kontinentalen Süd-Norwegen. Er kommt zur Überzeugung, daß diese moos- und flechtenarme Ausbildung einen stärkeren Windschutz benötigt; denn sie wird auf den Graten oft durch die flechtenreiche Ausbildung ersetzt.

So zeigt ein solcher Bestand in Mittkletten am 20° geneigten Südwesthang in 1000 m Seehöhe folgenden floristischen Aufbau:

Arctostaphylos Uva-ursi	5	*Alectoria ochroleuca*	1
Vaccinium Myrtillus	1	*Cetraria cucullata*	1
Vaccinium Vitis-idaea	1	*Cetraria nivalis*	1
Festuca ovina s. l.	1		

Ich vermute, daß dieser *Arctostaphylos Uva-ursi*-Bestand ein Waldverwüstungsstadium des Birkenwaldes ist.

Du Rietz zeigt auf, daß die Birkenwaldregion wegen der Abholzung hier recht schlecht entwickelt ist und daß die höchsten Birkenwaldzipfel auf dem Sökletten bis in eine Höhe von 1000 m und auf dem Mittkletten (SO-Seite) sogar bis 1100 m reichen.

Stimmt meine Annahme, so wäre dieser *Arctostaphylos Uva-ursi*-Bestand im Sinne meiner Waldentwicklungstypen zu stellen zum „(Betuletum pubescentis) ↘ ARCTOSTAPHYLETUM Uvae-ursi sec.“.

Da es sich hier nur um eine Vermutung handelt, klammere ich Betuletum pubescentis ein.

Die Alpenbärentrauben-Heiden als Vegetationsentwicklungstypen

(Arctoëtum alpinae)

Von Erwin Aichinger

Die *Arctous alpina*-Heiden finden wir vornehmlich in der Oberen Nadelwaldstufe und Alpenstufe in schattigeren Lagen auf frischen, schwach sauren Böden mit längerer Schneebedeckung. Dadurch unterscheiden sie sich ganz wesentlich von den *Arctostaphylos Uva-ursi*-Heiden, welche ja trockene, sonnige, warme, schneearme Lagen bevorzugen.

Sehr basische, kalkreiche Böden sagen *Arctous alpina*-Heiden ebensowenig zu, wie sehr saure quarzitische Böden. Daher treffen wir sie besonders im Kalkgebirge auf Böden an, die durch andere Pflanzengesellschaften eine saure Humusauflage erhalten haben, und im silikatischen Gebirge auf tonreichen verwitternden Schiefern, Gneisen und Graniten.

Die Alpenbärentrauben-Heiden gliedere ich folgend:

I. Die Alpenbärentrauben-Heiden der basischen Böden (Arctoëtum alpinae calcicolum)

1. Die primären Alpenbärentrauben-Heiden der basischen Böden
   - a) der Nadelwaldstufe,
   - b) der Alpenstufe;
2. Die sekundären Alpenbärentrauben-Heiden der basischen Böden
   - a) der Nadelwaldstufe.

II. Die Alpenbärentrauben-Heiden der Silikatböden (Arctoëtum alpinae silicicolum).

1. Die primären Alpenbärentrauben-Heiden der Silikatböden
   - a) der Nadelwaldstufe,
   - b) der Alpenstufe;

2. Die sekundären Alpenbärentrauben-Heiden der Silikatböden

a) der Nadelwaldstufe.

III. Die Alpenbärentrauben-Heiden der Hochmoorböden (Arctoëtum alpinae turfosum).

I. Die Alpenbärentrauben-Heiden der basischen Böden, ARCTOËTUM alpinae calcicolum.

1. Die primären Alpenbärentrauben-Heiden der basischen Böden.

Primäre Alpenbärentrauben-Heiden der basischen Böden sind sehr selten. Ich habe wohl da und dort welche gesehen, aber keine vollständigen Aufnahmen gemacht.

Im folgenden bringe ich daher nur Aufnahmen von sekundären bodenbasischen Alpenbärentrauben-Heiden als Beispiele.

2. Die sekundären Alpenbärentrauben-Heiden der basischen Böden:

Eine sekundäre bodenbasische Alpenbärentrauben-Heide untersuchte ich im Raume der Erlacherhütte ob Radenthein auf 5⁰ West geneigtem Grat, welcher vom Schuß auf die Molitzen führt, in 2120 m Seehöhe.

Floristischer Aufbau:

Arctous alpina	5.5	*Festuca pumila*	1.2
Dryas octopetala	2.3	*Pedicularis verticillata*	+
Carex firma	2.3	*Achillea Clavenae*	+
Sesleria varia	2.2	*Polygonum viviparum*	+
Vaccinium Vitis-idaea	2.2	*Bartschia alpina*	+
Helianthemum alpestre	2.2	*Arenaria ciliata* ssp. *tenella*	+
Empetrum hermaphroditum	1.2	*Valeriana saxatilis*	+
Anthyllis alpestris	1.2	*Euphrasia salisburgensis*	+
Selaginella selaginoides	1.2	*Pedicularis rosea*	+

Moosschicht:

Cetraria islandica	2.2	*Scleropodium purum*	+⁰
Thamnolia vermicularis	1.1	*Pleurozium Schreberi*	+⁰
Dicranum scoparium	+.2	*Rhytidiadelphus triquetrus*	+⁰
Cetraria nivalis	+		

Diese Alpenbärentrauben-Heide siedelt in altem Nadelwaldhumus und ermöglicht damit auch verschiedenen azidiphilen Arten lebenskräftig aufzukommen, wie: *Vaccinium Vitis-idaea, Empetrum hermaphroditum, Dicranum scoparium, Pleurozium Schreberi.*

Auf Grund vergleichender Untersuchungen bin ich zur Überzeugung gekommen, daß dieser Bestand ein Waldverwüstungsstadium des Legföhren-Buschwaldes ist. Er wurde von Hirten niedergeschlagen und abgebrannt; anschließend wurde sein Boden vom Wind erodiert. Nun konnten azidiphile Arten dort aufkommen, wo sich restliche Stellen des sauren Humusbodens gehalten haben, und die basiphilen Arten konnten sekundär dort eindringen, wo der saure Humusboden völlig weggeblasen wurde.

Aus diesem Grunde konnten daher neben den azidiphilen Arten die basiphilen Arten *Dryas octopetala, Sesleria varia, Carex firma, Helianthemum alpestre, Anthyllis alpicola, Festuca pumila, Pedicularis verticillata, Polygonum viviparum, Bartschia alpina, Arenaria ciliata* ssp. *tenella, Euphrasia salisburgensis, Pedicularis rosea* wachsen.

Wir haben hier also eine Bärentrauben-Heide vor uns, welche viele Beziehungen zum Caricetum firmae besitzt, und ich stelle daher diesen Bestand im Sinne meiner Vegetationsentwicklungstypen zum „Pinetum Mugi ↘ Arctoëtum alpinae firmetosum".

Aus forstwirtschaftlichen Gründen sollten wir hier die Schafweide abstellen, um die Wiederbewaldung zu begünstigen.

Weiters bringe ich einen sekundären, bodenbasischen Bestand, aufgenommen in ebener Lage auf der Melitzen ober dem Schußgraben ob Radenthein in 2110 m Seehöhe mit folgender floristischen Zusammensetzung:

Arctous alpina	3.5	*Aster Bellidiastrum*	+
Festuca varia	2.3	*Myosotis alpestris*	+
Vaccinium Vitis-idaea	2.2	*Carex ornithopodioides*	+
Dryas octopetala	1.2	*Anthyllis alpicola*	+
Helianthemum alpestre	1.2	*Sesleria varia*	+
Carex sempervirens	1.2	*Selaginella selaginoides*	+
Campanula Scheuchzeri	+.2	*Homogyne discolor*	+
Dianthus superbus	+.2	*Gentiana anisodonta*	+

Moosschicht:

Rhytidiadelphus triquetrus	+	*Pleurozium Schreberi*	+

Ich stelle diesen Bestand im Sinne meiner Vegetationsentwicklungstypen zum „Pinetum Mugi ↘ ARCTOËTUM alpinae festucetosum variae", also zum Alpenbärentrauben-Bestand, der ein Waldverwüstungsstadium des Pinetum Mugi ist.

Die azidiphilen Arten siedeln im sauren Rohhumusboden des ehemaligen Legföhren-Buschwaldes.

Im folgenden möchte ich hiefür einige wenige Beispiele bringen:

II. Die Alpenbärentrauben-Heiden der Silikatböden, ARCTOËTUM alpinae silicicolum.

1. Die primären Alpenbärentrauben-Heiden:

Die Aufnahme einer primären, bodensauren Alpenbärentrauben-Heide in 2310 m Seehöhe am Nordhang des Rosennocks ob Radenthein, oberhalb des

Kares auf einem 15° geneigten Felssporn, bot folgenden floristischen Aufbau:

Arctous alpina	4.5	*Leontodon helveticus*	+.2
Empetrum hermaphroditum	3.3	*Phyteuma nanum*	+.2
Vaccinium uliginosum	1.2	*Geum reptans*	+.2
Loiseleuria procumbens	1.2	*Lycopodium Selago*	+.2
Deschampsia flexuosa	1.2	*Lycopodium alpinum*	+.2
Helictotrichon versicolor	1.2	*Euphrasia minima*	+.2
Vaccinium Myrtillus	+.2	*Luzula spadicea*	+.2
Vaccinium Vitis-idaea	+.2	*Campanula alpina*	+
Rhododendron ferrugineum	+.2	*Primula glutinosa*	+
		Juncus trifidus	+
		Pulsatilla alpina	+

Moosschicht:

Cetraria islandica	2.2	*Hylocomium splendens*	1.2
Cladonia silvatica	1.2	*Rhytidiadelphus triquetrus*	1.2
Cladonia rangiferina	1.2	*Peltigera aphthosa*	+
Pleurozium Schreberi	1.2		

Vergleichende Untersuchungen ergeben, daß wir es hier mit einer Pioniergesellschaft zu tun haben, welche im silikatischen Grobschutt aufgekommen ist und sich über ein Empetreto-Vaccinietum zum Rhodoreto-Vaccinietum entwickeln wird.

Im Sinne der Schule J. Braun-Blanquet könnte man diesen Bestand zum „Empetreto-Vaccinietum arctoetosum alpinae" stellen.

Wir haben es hier zweifellos mit einer primären Entwicklung auf Silikatboden in der Alpenstufe zu tun, und ich stelle daher diesen Bestand im Sinne meiner Vegetationsentwicklungstypen zum „ARCTOETUM alpinae silicicolum ↗ Empetreto-Vaccinietum".

Forstlich können wir hier nichts machen, denn wir befinden uns hier zweifellos in der alpinen Stufe.

Anschließend bringe ich zwei *Alectoria ochroleuca*-reiche Alpenbärentrauben-Heiden, welche Du Rietz im Juli 1924 am Bus Kernd Fjlke nördlich von Gol auf ebenem bis schwach geneigtem N-Hang in 1220 m Seehöhe untersucht hat.

Floristischer Aufbau:

Zwergstrauchschicht:

Arctous alpina	5	5
Vaccinium Vitis-idaea	2	2
Empetrum nigrum	1	1
Festuca ovina	1	1
Betula nana		1
Juncus trifidus		1

M o o s e :

Polytrichum juniperinum	1	1
Pohlia nutans	1	1
Cephaloziella sp.	1	
Dicranum fuscescens	1	
Dicranum scoparium		1

F l e c h t e n :

Alectoria ochroleuca	5	5
Cetraria nivalis	2	2
Cetraria cucullata	1	1
Cetraria islandica	1	1
Cladonia alpestris	2	2
Cladonia gracilis var. *elongata*	1	1
Cladonia gracilis var. *chordalis*	1	
Cladonia coccifera	1	
Cladonia fimbriata simplex		1
Cladonia silvatica		1
Cornicularia aculeata		1
Stereocaulon paschale		1

2. D i e s e k u n d ä r e n A l p e n b ä r e n t r a u b e n - H e i d e n a u f S i l i k a t b ö d e n :

Als Beispiel für einen sekundären Alpenbärentrauben-Bestand sei die Aufnahme knapp unterhalb des Rosennock-Kares ob Radenthein, in 1985 m Seehöhe auf grobverwittertem Boden am Rücken in 5° N Neigung, angeführt:

F l o r i s t i s c h e r A u f b a u :

Arctous alpina	4.4	*Empetrum hermaphroditum*	+.2
Nardus stricta	2.3	*Homogyne alpina*	+.2
Vaccinium Vitis-idaea	2.2	*Luzula albida*	+.2
Calluna vulgaris	2.2	*Festuca varia*	+.2
Vaccinium uliginosum	1.2	*Luzula multiflora*	+.2
Vaccinium Myrtillus	+.2	*Leontodon helveticus*	+.2
Deschampsia flexuosa	+.2	*Hieracium Pilosella*	+.2
Juncus trifidus	+.2	*Carex pilulifera*	+.2
Loiseleuria procumbens	+.2	*Arnica montana*	+.2
Helictotrichon versicolor	+.2	*Potentilla erecta*	+
Phyteuma hemisphaericum	+.2	*Geum montanum*	+
Campanula barbata	+.2	*Euphrasia minima*	+
Dianthus superbus	+.2	*Larix decidua*	+°

Aus vergleichenden Untersuchungen geht einwandfrei hervor, daß dieser Bestand ein Verwüstungsstadium des Latschenbestandes ist. Die Hirten haben im Grobblock-Kar, wo das Weidevieh den Boden nicht beweiden kann, die *Pinus Mugo*-Bestände belassen. Überall dort jedoch, wo der Boden weidegeeignet und humusreicher ist, hat das Weidevieh die Bestände vernichtet.

Ich stelle diesen Bestand im Sinne meiner Vegetationsentwicklungstypen daher zum „Pinetum Mugi ↘ ARCTOETUM alpinae silicicolum nardetosum ↗ Nardetum strictae".

Wenn wir die Weidenutzung hier unterbinden, so würde sich der Bestand ganz von selbst wieder bewalden, und zwar mit *Pinus Mugo, Larix decidua, Pinus Cembra.* Geschieht dies nicht, so wird die negative Weideauslese die Entstehung eines Nardetum subalpinum begünstigen. Für diese Entwicklung sprechen schon jetzt folgende Arten: *Nardus stricta, Carex pilulifera, Arnica montana, Potentilla erecta, Dianthus superbus, Geum montanum, Campanula barbata, Euphrasia minima.*

Gunnar Samuelson untersuchte 1908 in den Hochgebirgsgegenden von Dalarne bei Andjusvarden in ca. 750 m Seehöhe eine *Arctous alpina*-Heide mit folgendem floristischen Aufbau:

Arctous alpina	3	*Betula nana*	1
Calluna vulgaris	2	*Betula pubescens*	1
Empetrum nigrum	2	*Populus tremula*	1
Loiseleuria procumbens	2	*Sorbus aucuparia*	1
Vaccinium Myrtillus	2	*Deschampsia flexuosa*	1
Vaccinium Vitis-idaea	2	*Juncus trifidus*	1
Vaccinium uliginosum	1	*Lycopodium Selago*	1

Bodenschicht:

Cladonia rangiferina	4	*Alectoria ochroleuca*	1
Cetraria nivalis	3	*Stereocaulon paschale*	1
Cetraria islandica	1		

Gunnar Samuelsson stellt diesen Bestand zu den *Cetraria nivalis*-Heiden und meint: „Je stärker die Standorte den Winden ausgesetzt sind, um so mehr treten die *Cladonia*-Arten zurück, um allmählich von *Cetraria nivalis* (und seltener auch *C. cucullata*) sowie auf den allerexponiertesten Lokalitäten von *Alectoria*-Arten ersetzt zu werden. Die Zwergsträucher werden auch niedriger und dichter an den Boden gedrückt. Das Heidekraut fehlt zumeist vollständig. Anderseits spielen *Arctous alpina* und *Loiseleuria procumbens* eine weit größere Rolle als in anderen Heidentypen. Sehr charakteristisch ist desgleichen *Juncus trifidus.* Diese Art gehört besonders den Särna- und Idrefjelden an und tritt gern auf den am allerstärksten windexponierten Hügeln und Rücken auf, wo die Deflation so stark ist, daß sie die Entwicklung eines geschlossenen Pflanzenteppichs verhindert."

Ich habe diese Ausführungen wörtlich gebracht, weil sie auch für die alpenländischen Verhältnisse mehr oder weniger gelten.

Auffallend ist jedenfalls, daß die *Arctous alpina*-Heiden in den Hochgebirgsgegenden von Dalarne bei weitem nicht so hoch hinaufreichen wie die *Loiseleuria procumbens*-Heiden.

Ich vermute im übrigen, daß dieser *Arctous alpina*-Bestand ein Waldverwüstungsstadium des Moorbirkenwaldes ist und begründe meine Annahme damit, daß es in dieser Höhenlage noch Birkenbestände gibt, daß *Betula pubescens, Populus tremula, Sorbus aucuparia* im Bestande vorkommen und *Vaccinium Myrtillus* ebenfalls auftritt.

Würde diese Auffassung stimmen, so würde ich diesen *Arctous alpina*-Bestand im Sinne meiner Vegetationsentwicklungstypen zum „Betuletum pubescentis silicicolum ↘ ARCTOËTUM alpinae ↗ Betuletum pubescentis“ stellen.

Die Annahme, daß diese *Arctous alpina*-Heide ein Waldverwüstungsstadium des Birkenwaldes ist, scheint mir umso berechtigter zu sein, als Gunnar Samuelsson annimmt, daß die Birkenwaldgrenze in der Hochgebirgsgegend von Dalarne teilweise bis 950 m reicht.

Auch zeigt Gunnar Samuelsson in der Karte über die Hochgebirgsgebiete von Dalarne auf, daß die Nadelwaldgrenze bei Andjuswarden im Jahre 1914 bei 763 m liegt und die Birkenregion durchschnittlich 50 m höher reicht.

III. Die Alpenbärentrauben-Heiden der Moorbäder, ARCTOËTUM alpinae turfosum.

Ich selbst habe keine solcher Alpenbärentrauben-Heiden der Hochmoorböden gesehen, vermute aber, daß es solche gibt und habe daher diese Heiden in meine Arbeit aufgenommen, und zwar auch darum, weil Constantin Regel in seinem Buch „Die Vegetationsverhältnisse der Halbinsel Kola“ berichtet, daß er an der Mündung des Ponoi-Flusses bei Lachta, und zwar auf einem Vorsprung des Talhanges am oberen Rande, einen Bestand angetroffen habe, in dem *Arctous alpina* dominiert, begleitet von *Vaccinium uliginosum, Ledum palustre, Equisetum.*

Sollte es sich hier um einen Moorboden handeln, so wäre dieser Bestand zum Arctoëtum alpinae turfosum zu stellen.

Die Heidelbeer-Heiden als Vegetationsentwicklungstypen

(*Vaccinium Myrtillus*-Heiden)

Von Erwin Aichinger

Zu den Heidelbeer-Heiden stelle ich alle Zwergstrauchheiden, in denen die Heidelbeere *(Vaccinium Myrtillus)* herrschend hervortritt.

Die Heidelbeere besitzt einen immergrünen Stengel und vermag daher auch nach Blattabfall zu assimilieren und Wasser zu verdunsten. Sie ist sehr empfindlich gegenüber Wasserverlusten und Frostschäden und verlangt daher besonders ober der Waldgrenze hinreichenden Schneeschutz. Wird ihr dieser genommen, so verdurstet und erfriert sie leicht und wird von trockenresistenteren und weniger frostgefährdeten Zwergsträuchern zurückgedrängt.

Wenn auch die Heidelbeere im Hinblick auf die ständige Wasserversorgung und die Bodendurchlüftung ziemlich anspruchsvoll und sehr frostempfindlich ist, so stellt sie in ihrer Ernährung an die Versorgung mit Mineralstoffen sehr geringe Ansprüche. Darum vermag sie in nicht frostgefährdeten Lagen hinreichend durchlüftete, lockere Rohhumusböden zu besiedeln, wenn sie ihre Wasserbedürfnisse befriedigen kann.

So ist es zu verstehen, daß die Heidelbeere in frostgefährdeter, sonniger Lage im Kronenschutz eines dicht geschlossenen Lärchenwaldes oder schütteren Fichtenwaldes lebenskräftig gedeihen kann, daß sie aber von der *Calluna*-Heide zurückgedrängt wird, wenn sie den Kronenschutz verliert.

Andererseits kann sie sich in schneereichen, schattigen Lagen auch dann halten, wenn der schüttere Lärchenbestand niedergeschlagen wird.

Die Heidelbeere benötigt eben in sonniger frostgefährdeter Lage den Waldesschatten, während sie sich in schattiger schneereicher Lage auch nach Abhieb des schütteren Lärchenbestandes zu halten vermag, weil hier die Wasserverdunstung wesentlich herabgesetzt wird und die Schneebedeckung in frostgefährdeter Zeit Kälte- und Verdunstungsschutz bietet.

So ist es zu verstehen, daß die Heidelbeere die wassergesättigten luftarmen Hochmoorböden nicht ertragen kann, sondern erst dann im Kronenschutz verschiedener Bestände aufkommt, wenn im Zuge der Bodenbildung und Vegetationsentwicklung der Boden hinreichend durchlüftet wurde. Im Kronenschutz von Moorbirke, Moorkiefer und Fichte vermag die Heidelbeere im oberflächlich durchlüfteteten, dann und wann zur Austrocknung neigenden Boden gut zu gedeihen, sie verliert aber ihre Lebenskraft und wird von anspruchsloseren Zwergsträuchern, z. B. von der Moor-Heidelbeere *(Vaccinium uliginosum)* zurückgedrängt, wenn der schirmende Kronenschutz genommen wird.

So zeigt K. Bertsch (1925) auf, daß die Heidelbeere, wenn sie in lebhaft wachsendes *Sphagnum* gerät, ihren Stengel zu meterlangen Trieben ausstreckt, um auf diese Weise so schnell als möglich aus der verderbenden Umstrickung zu fliehen. In regelmäßigen Abständen werden dann feine Adventivwurzeln ausgebildet. An den vom Moose umschlossenen Ausläufern bilden sich bleiche, schuppenförmige Niederblätter. Sobald die Ausläufer mit ihren Spitzen aus den Moospolstern hervorbrechen, gehen die Schuppenblätter in grüne Laubblätter über. Häufig ragen nur die äußersten Zweigspitzen mit wenigen kleinen Blättchen aus dem Moose hervor. So entsteht das typische Bild einer im Torfmoos „ertrinkenden" Pflanze.

Ich vermute, daß die Reihenfolge des Aufkommens der verschiedenen Vaccinien mit Austrocknung des Hochmoores weniger von der Bodentrockenheit als vielmehr von der mit der Austrocknung des Moores zusammenhängenden zunehmenden Bodendurchlüftung abhängig ist.

Das noch im vernäßten Hochmoor aufkommende *Vaccinium Oxycoccos* stellt an die Bodendurchlüftung tieferer Moorschichten schon darum geringere Ansprüche, weil es nur sehr oberflächlich wurzelt.

Vaccinium uliginosum wurzelt um vieles tiefer und erträgt Bodenvernässung nicht so gut wie *Vaccinium Oxycoccos,* während *Vaccinium Myrtillus* an die Bodendurchlüftung sehr viel größere Ansprüche stellt und daher vernäßten luftarmen Boden noch weniger ertragen kann.

Daher stellen sich mit zunehmender Austrocknung des Hochmoores ein: *Vaccinium Oxycoccos,* dann *Vaccinium uliginosum* und schließlich *Vaccinium Myrtillus.*

Auch auf trockenem, durchlüftetem Boden muß die Heidelbeere ihre Lebenskraft verlieren und wird da und dort vom Bürstling *(Nardus stricta)* zurückgedrängt, wenn sie immer wieder niedergetreten wird und der Boden durch den Betritt verdichtet wird und seine Durchlüftung verliert.

Ebenso wird die Heidelbeere dann zurückgedrängt, wenn dem Boden da und dort durch Vernässung seine Durchlüftung genommen wird.

Durch düngende Maßnahmen können wir die Heidelbeere zurückdrängen, nicht nur dadurch, daß wir damit den für sie notwendigen Rohhumus abbauen, sondern auch dadurch, daß wir damit den Nährstoffhaushalt heben und anspruchsvolleren Pflanzen im Konkurrenzkampfe bessere Lebensbedingungen bieten.

Daher treffen wir die Heidelbeere über basischem Untergrund nur dann, wenn diesen eine saure Rohhumus-Auflageschicht isoliert oder wenn neben dem vorherrschenden basischen Untergrund silikatische Beimengungen liegen. In diesen Fällen tritt die Heidelbeer-Heide oft in Beziehung zu *Erica carnea, Rhododendron hirsutum* und anderen basiphilen Arten.

Im sauren Rohhumus treffen wir sie oft begleitet von *Loiseleuria, Vaccinium Vitis-idaea, V. uliginosum, Calluna, Empetrum hermaphroditum, E. nigrum, Rhododendron ferrugineum, Rh. intermedium;* aber auch von den Gräsern *Nardus stricta, Calamagrostis villosa, Festuca varia* u. a.

So treten die Heidelbeer-Heiden vielfach in Beziehung zu anderen Zwergstrauchheiden und Rasengesellschaften:

In Beziehung zu bodenbasischen Zwergstrauchheiden

a) zu *Erica carnea*-Heiden,

b) zu *Rhododendron hirsutum*-Heiden.

In Beziehung zu bodensauren Zwergstrauchheiden

a) zu *Loiseleuria procumbens*-Heiden,
b) zu *Vaccinium uliginosum*-Heiden,
c) zu *Vaccinium Vitis-idaea*-Heiden,
d) zu *Calluna vulgaris*-Heiden,
e) zu *Empetrum*-Heiden,
f) zu *Rhododendron ferrugineum*-Heiden,
g) zu *Rhododendron intermedium*-Heiden.

In Beziehung zu Rasengesellschaften:

a) zum Bürstlingrasen (Nardetum strictae)
b) zur Wollreitgrasflur (Calamagrostidetum villosae),
c) zum Buntschwingelrasen (Festucetum variae).

Nach J. Braun-Blanquet treffen wir die Heidelbeere in ganz Mitteleuropa. Sie reicht in Nordeuropa bis 71° 10' nördlicher Breite. Gegen Süden ist sie mehr und mehr auf die Gebirge beschränkt, so im nördlichen Portugal, in Nord- und Zentralspanien, aber auch in den Pyrenäen, Süd-Sevennen, im Apennin, bis zu den Abruzzen, in Korsika, in den Gebirgen der Balkanhalbinsel außer Griechenland, im Kaukasus bis 2750 m, vom nördlichen Kleinasien und Armenien bis Transbaikalien und zur westlichen Mongolei, in Nordasien (von Cajander von der Nataramündung zirka 67° nördlicher Breite angegeben); in Nordamerika von Colorado und Utah (Rocky Mountains) bis Alaska. In Graubünden traf J. Braun-Blanquet die Heidelbeere am Munt Basegia ob Zermez bis 2840 m Seehöhe an.

Braun-Blanquet hat zweifellos recht, daß in der subalpinen und unteren alpinen Stufe die floristische und ökologische Übereinstimmung mancher *Myrtillus*-Heiden mit den *Rhododendron ferrugineum*-Beständen groß ist und Mischungen so häufig vorkommen, daß wir beide Heiden im Sinne der Charakterartenlehre zum Rhodoreto-Vaccinietum stellen sollten.

Wenn wir aber alle Heidelbeer-Heiden, wie sich diese dem Auge des Beschauers durch herrschendes Hervortreten der Heidelbeere rein physiognomisch vorstellen, zusammenfassen wollen, so können wir dies nicht tun, denn wir treffen Heidelbeer-Heiden auch in der warmen Laubwaldstufe in Beziehung zum Kastanienwald, zum Bodensauren *Pinus silvestris*-Wald, zum Bodensauren Stieleichenwald, zum Birkenwald und zu anderen bodensauren Wäldern.

Da es nicht möglich ist, alle Heidelbeer-Heiden auf Grund von Charakterarten oder auf Grund konstant vorkommender Dominanten so eindeutig zu erfassen, daß diese Ausdruck ihres floristischen Aufbaues, ihres Klimas, Bodens und ihrer Stellung in der Sukzession sind, habe ich versucht, die Heidelbeer-Heiden als Vegetationsentwicklungstypen zu erfassen.

Darnach stelle ich alle Heidelbeer-Heiden zur floristisch physiognomischen

Obergruppe VACCINIETUM.

Innerhalb dieser unterscheide ich folgende ökologischen Gruppen:

I. die Heidelbeer-Heiden der Silikatböden,

II. die Heidelbeer-Heiden basischer Böden,

III. die Heidelbeer-Heiden silikatisch-basischer Mischböden,

IV. die Heidelbeer-Heiden der Zwischenmoore,

V. die Heidelbeer-Heiden der Hochmoorböden.

Innerhalb dieser ökologischen Gruppen unterscheide ich die Heidelbeer-Heiden nach ihrer Stellung als Glied einer Sukzession als Vegetationsentwicklungstypen.

Nach dem herrschenden Auftreten von Arten in den einzelnen Schichten unterscheide ich verschiedene Untertypen.

In vorliegender Arbeit bringe ich die Heidelbeer-Heiden in folgender Reihenfolge:

I. Die Heidelbeer-Heiden der Silikatböden
VACCINIETUM Myrtilli silicicolum

A. Die primären Heidelbeer-Heiden der Silikatböden
↗ VACCINIETUM Myrtilli silicicolum

B. Die sekundären Heidelbeer-Heiden der Silikatböden
↘ VACCINIETUM Myrtilli silicicolum

II. Die Heidelbeer-Heiden basischer Böden
VACCINIETUM Myrtilli calcicolum

A. Die primären Heidelbeer-Heiden der basischen Böden
↗ VACCINIETUM Myrtilli calcicolum

B. Die sekundären Heidelbeer-Heiden der basischen Böden
↘ VACCINIETUM Myrtilli calcicolum

III. Die Heidelbeer-Heiden silikatisch-basischer Mischböden
VACCINIETUM Myrtilli silicicolum calcicolum

A. Die primären Heidelbeer-Heiden silikatisch-basischer Mischböden
↗ VACCINIETUM Myrtilli silicicolum calcicolum

B. Die sekundären Heidelbeer-Heiden silikatisch-basischer Mischböden
↘ VACCINIETUM Myrtilli silicicolum calcicolum

IV. Die Heidelbeer-Heiden der Zwischenmoore
VACCINIETUM Myrtilli paludosum turfosum

A. Die primären Heidelbeer-Heiden der Zwischenmoore
↗ VACCINIETUM Myrtilli paludosum turfosum

B. Die sekundären Heidelbeer-Heiden der Zwischenmoore
↘ VACCINIETUM Myrtilli paludosum turfosum

V. Die Heidelbeer-Heiden der Hochmoorböden
VACCINIETUM Myrtilli turfosum

A. Die primären Heidelbeer-Heiden der Hochmoorböden
↗ VACCINIETUM Myrtilli turfosum

B. Die sekundären Heidelbeer-Heiden der Hochmoorböden
↘ VACCINIETUM Myrtilli turfosum.

Wird z. B. ein kräuterreicher Eichen-Hainbuchenwald auf silikatischer Bodenunterlage mit größerer Bodenbeschattung streugenutzt, so verlieren die Kräuter ihre Lebenskraft und es breitet sich die Heidelbeere aus, weil mit der Streunutzung das Bodenleben vernichtet wird und der Bestandesabfall nicht in milden Humus übergeführt werden kann, sondern roh liegen bleibt.

Wird ein kräuterreicher Rotbuchenwald schneereicher Lagen auf mehr oder weniger trockenem, ebenem bis flach geneigtem Silikatverwitterungsboden niedergeschlagen und der Boden der Weideraubwirtschaft ausgesetzt, so verliert der Boden seinen ursprünglich guten Nährstoffhaushalt und es breitet sich bei dieser Raubwirtschaft, bedingt durch die negative Weideauslese, der Bürstlingrasen aus. Wird diese Fläche dann vom Weidevieh verlassen, so breitet sich auf dem nährstoffarmen Rohhumusboden *Vaccinium Myrtillus* aus.

Die Heidelbeere breitet sich auch in der Laubwaldstufe in nicht zu sonniger, schneereicher Lage dort aus, wo durch waldverwüstende Eingriffe das Bodenleben gestört wird und damit der Bestandesabfall als sauer reagierender Rohhumus liegen bleibt, weil er nicht mehr durch die Tätigkeit des Bodenlebens in milden Humusboden übergeführt werden kann.

In diesem Zusammenhange ist es zu verstehen, daß durch waldverwüstende Eingriffe, wie Niederwaldbetrieb, Streunutzung, Weidezwischennutzung, Brand und wie diese Eingriffe alle heißen mögen, der milde Humusboden in Rohhumus übergeführt wird und damit die rohhumusreichen Waldgesellschaften der Nadelwaldstufe in die Laubwaldstufe heruntersteigen können.

Während einerseits in der kalten Nadelwaldstufe mit ihrer längeren Schneebedeckung und kurzen Vegetationszeit das Bodenleben keine günstigen Lebensbedingungen findet, den Boden daher nur sehr dünn besiedelt und mit der Verarbeitung des Bestandesabfalles nicht fertig wird, wodurch sich Rohhumus auflagert, rückt andererseits diese Nadelwaldstufe mit ihren Rohhumuspflanzen, insbesondere mit der Heidelbeer-Heide, in die klimatisch bedingte Laubwaldstufe herab, wenn durch waldverwüstende Eingriffe das Bodenleben dezimiert wird.

So werden auch in der Laubwaldstufe die nicht bodenfeuchten kräuterreichen Laubmischwälder z. B. durch Streunutzung in heidelbeerreiche Eichenwälder, Eichen-Hainbuchenwälder, Hainbuchenwälder, Rotbuchen- und Bergahornwälder übergeführt und es entstehen, wenn diese rohhumusreichen Wälder niedergeschlagen werden, auch in der Laubwaldstufe Heidelbeer-Heiden.

Wir treffen daher Heidelbeer-Heiden in allen Höhenstufen bis in die kühle Untere Alpenstufe an. Während in der waldlosen unteren Alpenstufe, wo verschiedene Zwergstrauchheiden den Höhepunkt der Vegetationsentwicklung darstellen, die Heidelbeer-Heiden vor allem zur Zwergstrauchheide der Moorheidelbeere (*Vaccinium uliginosum*), der Besenheide (*Calluna vulgaris*), der Krähenbeere *(Empetrum hermaphroditum),* der Rost-Alpenrose *(Rhododendron ferrugineum*) in Beziehung stehen, treten sie in der Waldstufe mit verschiedenen bodensauren Nadel- und Laubwäldern auf saurer und basischer Bodenunterlage in Beziehung.

Besonders in den nordischen Ländern werden viele Arten von Heidelbeer-Heiden auf Grund ihres konstant vorkommenden physiognomischen Aufbaues hinausgestellt.

So finden wir nach H. Osvald im Komossegebiet in den zwergstrauchreichen Laubwäldern eine *Betula alba-Vaccinium Myrtillus* - Assoziation, in den Moosreichen Zwerstrauch-Laubwäldern eine *Betula alba - Vaccinium Myrtillus - Hylocomium parietinum-proliferum* - Ass., in den Moosreichen Zwergstrauch-Nadelwäldern eine *Picea excelsa - Vaccinium Myrtillus - Hylocomium parietinum - proliferum* - Ass., in den Nackten Zwergstrauchgesellschaften eine *Vaccinium Myrtillus* - Assoziation und in Moosreichen Zwergstrauchgesellschaften eine *Vaccinium Myrtillus - Hylocomium parietinum* - Assoziation.

Leider ist für H. Osvald der einzige entscheidende Einteilungsgrund die floristische Zusammensetzung der Assoziationen, weshalb andere Gesichtspunkte, wie Torfbildung, Sukzession, Standort u. a., gar nicht beachtet werden.

Nur so ist es möglich, daß z. B. zur selben *Betula alba - Vaccinium Myrtillus* - Assoziation zwei Bestände gestellt werden, die standörtlich völlig verschieden zu werten sind.

Nr. der Aufnahme:	1	2
Betula alba (= B. pubescens)	4	5
Vaccinium Myrtillus	4	5
Vaccinium Vitis-idaea	1	1
Calluna vulgaris	1	
Empetrum nigrum	1	
Vaccinium uliginosum	3	
Rubus Chamaemorus	3	
Melampyrum pratense	1	
Eriophorum vaginatum	1	
Pteridium aquilinum		1
Majanthemum bifolium		1
Deschampsia flexuosa		1
Dicranum undulatum		1
Pleurozium Schreberi (= Hylocomium parietinum)		1
Hylocomium splendens (= H. proliferum)		1

Die Aufnahme Nr. 1 wurde am 8. September 1918 auf seichtem Torf beim Björnsjö und die Aufnahme Nr. 2 wurde am 14. Juli 1919 auf Moränenboden in Strömmö aufgenommen.

Hinsichtlich der syngenetischen Stellung müssen wir unterscheiden:

1. Die Heidelbeer-Dauergesellschaften. (Diese können ebensosehr primär als auch sekundär sein.)
2. Die Heidelbeer-Schlußgesellschaften. (Die Beurteilung dieser Heidelbeer-Heiden ist leider sehr hypothetisch.)
3. Die Heidelbeer-Heiden als Waldverwüstungsgesellschaften. (Diese Heidelbeer-Heiden bilden wohl den Großteil dieser Heiden.)

Als Piongesellschaften treten die Heidelbeer-Heiden niemals auf, weil sie zum Gedeihen einen Rohhumusboden benötigen und an den Wasserhaushalt schon größere Ansprüche stellen.

Die Heidelbeer-Heiden als Dauergesellschaften haben schon größere Bedeutung. Wir treffen diese Heidelbeer-Heiden überall dort an, wo aus irgendwelchen Gründen eine Bewaldung nicht aufkommen kann.

Unter Dauergesellschaft verstehen wir in diesem Zusammenhange eine durch Relief oder Bodenverhältnisse bedingte Gesellschaft anspruchsloserer Pflanzen in einem Klimagebiet, das bei ausgeglichenen Relief- und Bodenverhältnissen schon anspruchsvolleren Pflanzen Lebensmöglichkeiten bieten könnte.

So treffen wir auf der ehemals bewaldeten Gerlitzenkuppe (1909 m) im Raum von Villach viele flachmuldige, windgeschützte Hänge, die von der Heidelbeere besiedelt sind. Hier kann sich die Heidelbeere in der flachen Mulde lebenskräftig entwickeln, weil sie ihre Lebensbedürfnisse befriedigen kann und hinreichenden Wind- und Schneeschutz genießt. Diese Heide bildet hier eine Dauergesellschaft, weil nur die flache Mulde hinreichenden Wind- und Schneeschutz bietet, während unter den herrschenden Umweltbedingungen kein einziger unserer Bäume den mechanischen und vor allem den physiologischen Windeinfluß ertragen könnte, wenn er aus der nur flachen, windgeschützten Mulde herauswachsen würde.

Der Gemsheide-Bestand (Loiseleurietum procumbentis) besiedelt die windausgesetztesten Rücken, an den besonders windausgesetzten Stellen von *Juncus trifidus* begleitet.

Der Moorheidelbeer-Bestand (Vaccinietum uliginosi) besiedelt die schon weniger windausgesetzten Rücken.

Die Heidelbeer-Heide (Vaccinietum Myrtilli) besiedelt die nordseitig gelegenen windgeschützten muldigen Hänge, wo das Schmelzwasser abrinnen kann.

Der Bürstlingrasen (Nardetum strictae) besiedelt die flachen, windgeschützten und somit schneereichen Mulden, wo das Schneeschmelzwasser, weil es nicht abrinnen kann, lange stagniert.

Diese Heidelbeer-Dauergesellschaft wird sich aber auch nicht dauernd halten, weil, eine ungestörte Entwicklung vorausgesetzt, doch früher oder später die ehemals schon bewaldet gewesenen Kuppen der Gerlitzen wieder bewaldet werden. Schon jetzt sehen wir, wie von windgeschützteren tieferen Lagen die Bewaldung Schritt für Schritt nach oben vorschreitet und diese wieder langsam den Gipfel der Gerlitzen erobert.

Freilich wird es noch viele hundert Jahre dauern, bis die Wiederbewaldung sich selbst durchgesetzt hat. Würden wir allerdings den Windeinfluß durch Windschutzzäune mindern, so könnten wir die Wiederbewaldung besonders dann beschleunigen, wenn wir von den heidelbeerreichen Zwergstrauchheiden ausgehen; denn der begrenzende Faktor ist hier die große Windausgesetztheit.

Eine andere Heidelbeer-Dauergesellschaft untersuchte ich am 10° Ost geneigten Schneewächtenfuß am Herzogenhorn im südlichen Schwarzwald in 1410 m Seehöhe.

Der floristische Aufbau ergab folgendes Bild:

Vaccinium Myrtillus	5.5
Deschampsia flexuosa	2.2^{0}
Leontodon helveticus	2.1
Luzula silvatica	1.2
Luzula albida	1.2
Thelypteris Oreopteris (= *Aspidium montanum*)	1.2
Galium hercynicum	1.1
Anthoxanthum odoratum	1.1
Nardus stricta	+.2
Calamagrostis villosa	+.2
Sorbus aucuparia	+
Rumex arifolius	+
Ranunculus aconitifolius	+
Polygonum Bistorta	+
Thelypteris Phegopteris	+
Melampyrum silvaticum	+
Potentilla erecta	+
Arnica montana	+
Blechnum Spicant	+
Solidago Virgaurea	+
Oxalis Acetosella	+
Thelypteris Dryopteris	+

Moose:

Rhytidiadelphus triquetrus	4.3
Rhytidiadelphus loreus	2.2
Polytrichum formosum	1.2
Hylocomium splendens	+.2
Dicranum scoparium	+.2

Auch hier haben wir eine Dauergesellschaft, weil die Wiederbewaldung durch den ungeheuren Schneedruck des Wächtenfußes aufgehalten wird.

Aber auch diese Heidelbeer-Heide wird nicht immer bestehen bleiben, denn schon erkennen wir aus dem Aufbau, daß eine ganze Reihe anspruchsvoller krautiger Pflanzen (*Rumex arifolius, Ranunculus aconitifolius, Polygonum Bistorta*) und viele Farne (*Thelypteris Oreopteris, Thelypteris Phegopteris, Blechnum Spicant*) aufkommen. Dies ist leicht verständlich, denn infolge der so frühzeitigen Schneebedeckung des ungefrorenen Bodens und infolge des damit verbundenen guten Wasserhaushaltes kann sich ein reichliches Bodenleben entwickeln, welches den Rohhumus abbaut, in milden Humus überführt und damit der Heidelbeere die Lebensgrundlage entzieht. Diese Heidelbeer-Heide würde sich aber auch wieder bewalden, wenn die Kämme des Herzogenhorns durch Wiederbewaldung den Fließschnee aufhalten und damit die Wächtenbildung unterbinden würden.

Aus diesen Zusammenhängen sehen wir, daß diese Heidelbeer-Heide infolge der besonderen Umweltbedingungen sich von selbst nicht so bald bewalden könnte, daß wir es aber in der Hand hätten, durch Wiederbewaldung der langgestreckten Rücken und Kuppen, bzw. durch Anbringung von Schneezäunen, die Wächtenbildung abzuschwächen und damit die Bewaldung des heidelbeerreichen Wächtenfußes zu erreichen.

Solche Überlegungen haben in den Alpen dort größte Bedeutung, wo von den Wächtenbildungen große Lawinenschäden ihren Ausgang nehmen.

Eine andere Heidelbeer-Dauergesellschaft treffen wir auf schattig gelegenen Steilhängen, wo eine Bewaldung wegen Schneeschub und Lawinengang nicht aufkommen kann.

Früher oder später, wenn auch nach vielen Jahrzehnten, werden sich aber doch irgendwelche höheren Sträucher, z. B. Grünerle, einfinden, die auch am sehr steilen Hang die Entwicklung zu einem hochstämmigen Wald einleiten.

Im zu stark gelichteten Hochmoor-Fichtenwald breitet sich sekundär der Wollgras-reiche Moorheidelbeer-Bestand aus (Piceetum excelsae turfosum ↘ Vaccinietum uliginosi eriophorosum vaginati).

So haben wir nun drei verschiedene Heidelbeer-Heiden kennengelernt, welche, durch verschiedene Faktoren bedingt, den Charakter von Heidelbeer-Dauergesellschaften erhalten haben. Im einen Falle konnte in der flachen, schneereichen Mulde wohl die niedrig wachsende Heidelbeere, infolge des Windeinflusses aber keine hochstämmige Baumart aufkommen. Im anderen Falle ließ der riesige Schneedruck des Wächtenfußes die Bewaldung der Heidelbeer-Heide nicht zu und schließlich verzögert am schattigen Steilhang vor allem der Schneeschub die Bewaldung.

Die Heidelbeer-Heiden als Schlußgesellschaften können natürlich nur in der Unteren Alpenstufe vorkommen, wo eine Bewaldung aus klimatischen Gründen nicht mehr möglich ist.

Ich stelle diese Heidelbeer-Heiden zum
VACCINIETUM Myrtilli extrasilvaticum.

Je nach den besonderen Umweltbedingungen, besonders im Hinblick auf die Windausgesetztheit und die dadurch bedingte winterliche Schneebedeckung, besitzt die alpine Heidelbeer-Heide Beziehungen zur Rostalpenrosen-Heide (Rhodoreto ferruginei - VACCINIETUM Myrtilli), zur Krähenbeer-Heide (Empetreto - VACCINIETUM Myrtilli), zur *Calluna*-Heide (Calluneto - VACCINIETUM Myrtilli) und zur Moorheidelbeer-Heide (Vaccinieto uliginosi - VACCINIETUM Myrtilli).

Alle diese Heidelbeer-Heiden stehen den besonderen Kleinreliefverhältnissen entsprechend mosaikartig miteinander in Beziehung, besitzen aber forstwirtschaftlich schon darum keine Bedeutung, weil sie aus klimatischen Gründen nicht mehr bewaldet werden können.

Diese alpinen Heidelbeer-Heiden reichen in windgeschützten Nischen bis über 2800 m Seehöhe hinauf.

I. Die Heidelbeer-Heiden der Silikatböden,
VACCINIETUM Myrtilli silicicolum.

A. Die primären Heidelbeer-Heiden der Silikatböden,
↗ VACCINIETUM Myrtilli silicicolum.

Ein Beispiel einer solchen primären, mehr oder weniger windgeschützten Heidelbeer-Heide bringe ich vom 20° nordwärts geneigten Rosenighang ober Radenthein in 2250 m Seehöhe von einem Silikatverwitterungsboden.

Floristischer Aufbau:

Vaccinium Myrtillus	4.5
Vaccinium uliginosum	3.4
Rhododendron ferrugineum	2.2
Alnus viridis	2.2
Luzula Sieberi	1.2
Sorbus aucuparia	1.2
Calamagrostis villosa	1.2
Lycopodium Selago	1.2
Homogyne alpina	+.2
Vaccinium Vitis-idaea	+.2
Deschampsia flexuosa	+.2
Leontodon helveticus	+.2
Potentilla aurea	+.2
Peucedanum Ostruthium	+.2
Solidago alpestris	+
Campanula Scheuchzeri	+
Geum montanum	+
Luzula spadicea	+
Soldanella alpina	+
Pulsatilla alpina	+

Moosschicht:

Rhytidiadelphus triquetrus	2.3
Dicranum scoparium	2.3
Hylocomium splendens	2.3
Cetraria islandica	2.3
Cladonia rangiferina	2.2
Peltigera aphthosa	+.2

Aus vergleichenden Untersuchungen bin ich zur Überzeugung gekommen, daß dieser Heidelbeer-Bestand im *Vaccinium uliginosum*-Bestand aufgekommen ist und sich zum *Alnus viridis*-Bestand weiter entwickeln wird, obwohl auch *Sorbus aucuparia* lebenskräftig aufkommt, weil *Alnus viridis* vom Weidevieh nicht gefressen wird, wohl aber *Sorbus aucuparia*.

Ich stelle ihn daher zum

„Vaccinietum uliginosi ↗ VACCINIETUM Myrtilli silicicolum ↗ Alnetum viridis".

Bei diesem Heidelbeer-Bestand habe ich den Eindruck gewonnen, daß er sich schon vor vielen Jahren zum Ebereschen-Bestand entwickelt hätte, wenn nicht die weidenden Schafe diese Entwicklung immer wieder aufgehalten hätten.

Von einer sekundären Heidelbeer-Heide können wir hier nicht sprechen, weil dieser Bestand sicherlich noch nicht von einem *Sorbus aucuparia*-Bestand überschirmt worden ist. Wohl aber können wir hier von einer Heidelbeer-Gesellschaft mit Entwicklungstendenz zum *Alnus viridis*-Bestand sprechen.

So wie sich eine Heidelbeer-Dauergesellschaft am Lawinenhang nicht bewalden kann, weil Schneeschub und Lawinen der Bewaldung entgegenstehen, so vermag hier der Ebereschen-Bestand nicht aufzukommen, weil er immer wieder abgefressen wird.

Der Grünerlen-Bestand kann sich erst dann durchsetzen, wenn der Boden einen hinreichenden Wasserhaushalt bekommen hat.

Eine primäre Heidelbeer-Heide untersuchte Hugo Osvald am 12. September 1918 auf einem steilen Nordhang von Storön im Trehörnasjö auf silikatischem Moränenboden im Komossegebiet und fand folgenden floristischen Aufbau:

Vaccinium Myrtillus	5	*Pleurozium Schreberi*	5
Vaccinium Vitis-idaea	2	*Hylocomium splendens*	3
Dryopteris spinulosa	1	*Dicranum majus*	2
Deschampsia flexuosa	1		

Hugo Osvald stellt diese Heidelbeer-Heide zur *Vaccinium Myrtillus - Pleurozium Schreberi* - Ass. und erwähnt, daß diese Heidelbeer-Heide dort vorkommt, wo aus dem einen oder anderen Grunde sich keine Waldschicht ausbilden kann und daß er sie auf Torf nicht beobachtet hat.

B. Die sekundären Heidelbeer-Heiden der Silikatböden. ↘ VACCINIETUM Myrtilli silicicolum.

Die Heidelbeer-Heide als Verwüstungsstadium des heidelbeerreichen Kastanienwaldes (Castanetum sativae ↘ VACCINIETUM Myrtilli).

Diese Heidelbeer-Heiden stehen jenen sehr nahe, welche Verwüstungsstadien der bodensauren Eichenwälder sind.

Eine Heidelbeer-Heide in Beziehung zum Kastanienwald untersuchte ich auf einem 18—20° geneigten, durch Weidetritt treppenartigen Nordwesthang in 560 m Seehöhe auf Urschieferboden in den Apuanischen Alpen.

Floristischer Aufbau:

Vaccinium Myrtillus	4.5	*Calluna vulgaris*	2.2
Luzula albida	2.3	*Potentilla erecta*	1.2
Castanea sativa	2.2	*Teucrium Scorodonia*	1.2

Deschampsia flexuosa	1.2	*Hieracium silvaticum*	+
Genista pilosa	1.2	*Erica arborea*	+
Jasione montana	1.1	*Polypodium vulgare*	+
Pteridium aquilinum	1.1	*Veronica officinalis*	+
Phyteuma betonicifolium	1.1		
Blechnum Spicant	+.2	Moosschicht:	
Agrostis tenuis	+.2	*Rhytidiadelphus tri-*	
Solidago Virgaurea	+.2	*quetrus*	4.3
Festuca heterophylla	+.2	*Hylocomium splendens*	3.3
Anthoxanthum odoratum	+.2	*Pleurozium Schreberi*	2.2
Prunus spinosa	+	*Polytrichum juniperinum*	1.2
Ilex Aquifolium	+		

Diese Heidelbeer-Heide ist ein Verwüstungsstadium eines 50—70jährigen Kastanienniederwaldes, dessen Boden durch Streu- und Weidenutzung sehr herabgewirtschaftet wurde.

Ich stelle diese Heidelbeer-Heide zum Castanetum sativae myrtillosum ↘ VACCINIETUM Myrtilli ↗ Castanetum sativae.

Wie aus dem Auftreten des Adlerfarns zu ersehen ist, besitzt der Boden im Untergrund einen guten Wasserhaushalt und würde der Edelkastanie die besten Lebensbedingungen bieten.

Eine Reihe atlantischer Arten, wie *Teucrium Scorodonia, Ilex Aquifolium,* geben uns den Hinweis, daß dieses Gebiet ein mehr oder weniger frostfreies, luftfeuchtes Klima besitzt und daher der Edelkastanie ganz besonders zusagt.

Wirtschaftliche Folgerungen: Ich vermute, daß die Bewohner dieses Gebietes ganz großen Wert darauf legen, wieder einen Kastanienwald zur Nutzung der Früchte zu erhalten.

Diesen Weg könnte man ohne weiteres gehen, doch würde ich vorschlagen:

1. Vom Niederwald abzugehen und Kernwüchse zu pflanzen.
2. Die Streu- und Weidenutzung auf alle Fälle zu unterbinden.
3. Die Kastanien vorerst dichter zu pflanzen, um einen geradwüchsigen Erdstamm zu erzielen und eine Bodenverbesserung zu erreichen.

Die Heidelbeer-Heide als Verwüstungsstadium des bodensauren Eichenwaldes

(Quercetum ↘ VACCINIETUM Myrtilli).

Diese Heidelbeer-Heiden haben in den warmen Gebieten der Alpen, des Mittelgebirges und der Niederungen allergrößte Bedeutung. Sie bevorzugen aber um so mehr die schattigen luftfeuchteren Hänge mit ausgeglichenerem Klima, je lufttrockener und wärmer die Großklimaverhältnisse sind.

Je nach der ehemaligen Bewaldung müssen wir unterscheiden:

1. die Heidelbeer-Heide als Verwüstungsstadium des bodensauren Stieleichenwaldes,

   Quercetum Roboris ↘ VACCINIETUM Myrtilli;

2. die Heidelbeer-Heide als Verwüstungsstadium des bodensauren Traubeneichenwaldes,
   Quercetum petraeae ↘ VACCINIETUM Myrtilli;
3. die Heidelbeer-Heide als Verwüstungsstadium des Flaumeichenwaldes,
   Quercetum pubescentis ↘ VACCINIETUM Myrtilli.

Der Spirkenwald dringt in den Hochmoor-Moorheide-Bestand vor (Vaccinietum uliginosi turfosum ↗ Pinetum Mugi ssp. arboreae). Bayrische Au in Oberösterreich.

Wenn wir hier nicht Heidelbeer-Heiden der verschiedenen Eichen-Hainbuchenwälder beifügen, so darum, weil die Einzelbestände des Querceto-Carpinetum wohl auch dort gedeihen, wo bodensaure Eichenwälder vorkommen, aber verschiedene bodensaure Eichenwälder kommen in Klimagebieten vor, wo aus klimatischen Gründen die Hainbuche nicht wachsen kann. Während nämlich die Eichen auch in sehr lufttrockenen kontinentalen Gebieten anzutreffen sind, verlangen die Hainbuchen immerhin neben hinreichender Wärme auch einige Luftfeuchtigkeit.

In diesem Zusammenhange möchte ich herausstellen, daß es neben den Heidelbeer-Heiden, welche Verwüstungsstadien bodentrockener, bodensaurer Eichenwälder sind, auch solche gibt, welche Verwüstungsstadien bodenfeuchter, bodensaurer Eichenwälder darstellen.

Die Heidelbeer-Heide als Verwüstungsstadium des Eichen-Hainbuchenwaldes

(Querceto-Carpinetum ↘ VACCINIETUM Myrtilli).

Diese Heidelbeer-Heiden haben in den warmen luftfeuchten Gebieten des Alpenrandes, der Mittelgebirge und der Niederungen große Bedeutung. Meist handelt es sich um Verwüstungsstadien von streugenutzten Ausschlagwäldern.

Wir treffen diese Heidelbeer-Heiden meist in schattigen Lagen und müssen unterscheiden:

1. Heidelbeer-Heiden als Verwüstungsstadien des Stieleichen-Hainbuchenwaldes (Querceto Roboris - Carpinetum ↘ VACCINIETUM Myrtilli), welche wir auf trockeneren und feuchten Böden antreffen, und
2. Heidelbeer-Heiden als Verwüstungsstadien des Traubeneichen-Hainbuchenwaldes (Querceto petraeae - Carpinetum ↘ VACCINIETUM Myrtilli), welche wir nur auf trockenen Böden antreffen.

Eine Heidelbeer-Heide untersuchte ich am Weg nach Hornstein ober Krumpendorf am Wörther See, in 600 m Seehöhe auf einem 20° geneigten Osthang.

Floristischer Aufbau:

Vaccinium Myrtillus	4.5
Melampyrum pratense	3.2
Quercus Robur	2.1
Pteridium aquilinum	2.1
Polygala Chamaebuxus	2.1
Carpinus Betulus	1.2
Pinus silvestris	1.1
Cytisus supinus	1.1
Luzula pilosa	1.1
Fagus silvatica	+.2
Larix decidua	+
Corylus Avellana	+
Populus tremula	+
Deschampsia flexuosa	+
Luzula albida	+
Solidago Virgaurea	+
Veronica officinalis	+
Mycelis muralis	+
Hieracium silvaticum	+
Acer Pseudoplatanus	+
Rubus „fruticosus“	+

Moosschicht:

Pleurozium Schreberi	4.3
Dicranum undulatum	2.2
Pseudoscleropodium purum	1.2
Polytrichum formosum	1.2
Hylocomium splendens	+

Aus vergleichenden Untersuchungen erfahren wir, daß diese Heidelbeer-Heide ein Waldverwüstungsstadium des bodensauren Eichen-Hainbuchenausschlagwaldes ist und sich wieder zu diesem Ausschlagwald entwickeln wird.

Ich stelle sie daher zum

Querceto Roboris-Carpinetum ↘ VACCINIETUM Myrtilli pteridiosum aquilinae ↗ Querceto-Carpinetum.

Klar erkennen wir aus diesen vergleichenden Untersuchungen, daß die weitere Waldentwicklung bei pfleglicher Wirtschaft zum Rotbuchen-Tannen-Fichten-Mischwald führen würde und daß der bodensaure Eichen-Hainbuchenwald ein Verwüstungsstadium des Rotbuchen-Mischwaldes ist.

Die waldverwüstenden Eingriffe waren hier insbesondere Streunutzung und Niederwaldbetrieb.

Die Wiederbewaldung könnte hier verhältnismäßig rasch vor sich gehen, weil durch die Streunutzung nur der Oberboden sein Bodenleben und seinen guten Nährstoffhaushalt verloren hat. Der Unterboden besitzt einen ausgezeichneten Nährstoff- und Wasserhaushalt. Das reichliche Auftreten von Adlerfarn *(Pteridium aquilinum)* und Brombeere *(Rubus „fruticosus")* spricht für guten Wasserhaushalt.

Spirken *(Pinus Mugo* ssp. *arborea)* besiedeln den Moorboden der Bayrischen Au.

Wirtschaftliche Folgerungen: Wenn wir die aufkommenden Sträucher belassen und jede Streunutzung unterbinden, so wird in wenigen Jahren die saure Rohhumusschicht abgebaut und damit der Weg zum Rotbuchen-Tannen-Fichten-Wirtschaftswald eingeleitet werden, zumal schon eine Reihe von Pflanzen als Vorläufer dieser Entwicklung aufgekommen sind, z. B. *Mycelis muralis, Hieracium silvaticum.*

Die Heidelbeer-Heide als Verwüstungsstadium des Hainbuchenwaldes

(Carpinetum Betuli ↘ VACCINIETUM Myrtilli).

Diese Heidelbeer-Heiden haben in den warmen, luftfeuchten Gebieten des Alpenrandes, der Mittelgebirge und Niederungen sehr große Bedeutung. Meist handelt es sich um Verwüstungsstadien von streugenutzten Ausschlagwäldern.

Wir treffen diese Heidelbeer-Heiden meist in schattigen Lagen.

Neben den verschiedenen azidiphilen Beständen des Querceto-Carpinetum gibt es auch viele azidiphile Bestände des Querceto-Fagetum.

So beschreibt I. Horvat 1938 vom 20–25° geneigten Nordhang in 420 m Seehöhe an der Kosteljska Gora in Jugoslawien folgenden floristischen Aufbau:

Baumschicht:

Fagus silvatica	4.3
Quercus petraea	3.1
Acer Pseudoplatanus	1.1

Strauchschicht:

Fagus silvatica	4.3
Quercus petraea	2.3
Juniperus communis	1.1
Sorbus torminalis	1.1
Crataegus sp. div.	1.1
Rhamnus Frangula	+.3
Fraxinus Ornus	+
Corylus Avellana	+
Viburnum Lantana	+
Acer Pseudoplatanus	+
Daphne Mezereum	+
Prunus avium	+
Ulmus scabra	+
Ostrya carpinifolia	+

Krautschicht:

Vaccinium Myrtillus	4.3
Luzula albida	2.2
Hieracium silvaticum	2.1
Lathyrus montanus	1.2
Hedera Helix	1.2
Melampyrum vulgatum	1.1
Genista tinctoria	1.1
Hieracium umbellatum	1.1
Pteridium aquilinum	1.1
Quercus petraea	1.1
Gentiana asclepiadea	1.1
Fagus silvatica	1.1
Platanthera bifolia	1.1
Calluna vulgaris	+.3
Genista germanica	+
Veronica officinalis	+
Potentilla erecta	+
Aposeris foetida	+
Fraxinus Ornus	+
Prenanthes purpurea	+
Sorbus torminalis	+
Carex flacca	+
Cytisus supinus	(+)

Moosschicht:

Dicranum scoparium	3.3
Polytrichum formosum	1.3
Cladonia sp.	1.1
Leucobryum glaucum	+.3
Isothecium myurum	+.3
Hyiocomium splendens	+.3

Im Sinne meiner Vegetationsentwicklungstypen haben wir hier zweifellos ein *Vaccinium Myrtillus*-reiches Querceto petraeae-FAGETUM silvaticae vor uns, welches infolge verschiedener waldverwüstender Eingriffe, wie Kahlschlag, Niederwaldbetrieb, Weidezwischennutzung, Streunutzung, seinen guten Wasser- und Nährstoffhaushalt und damit den von anspruchsvollen krautigen Pflanzen beherrschten Unterwuchs verloren hat.

Wird nun dieser Wald kahlgeschlagen, so verbleibt das Vaccinietum Myrtilli als Waldverwüstungsstadium (Querceto petraeae-Fagetum ↘ VACCINIETUM Myrtilli).

Für die Weiterentwicklung entscheidet die weitere Bewirtschaftungsweise. Würde dieser Bestand in sonniger Lage liegen, so würde die *Vaccinium Myrtillus*-Heide ihre Lebenskraft verlieren und sich zur *Calluna vulgaris*-Heide entwickeln.

Bei ungeregeltem Weidebetrieb würde sich die *Vaccinium Myrtillus*-Heide zum Nardetum strictae entwickeln und bei pfleglicher Wirtschaft würden die vielen Sträucher aufkommen und die Waldentwicklung wieder in die Richtung des Querceto petraeae-Fagetum herbosum führen, weil durch den reichlichen

Bestandesabfall das Bodenleben die Grundlage zur Bildung eines nährstoffreichen Mullbodens bekommt.

Diese *Vaccinium Myrtillus*-Heide wäre im Sinne der Waldentwicklungstypen ein „Querceto petraeae-Fagetum myrtillosum ↘ VACCINIETUM Myrtilli ↗ Querceto petraeae-Fagetum".

Aus der Strauchschicht dieses Waldes ersehen wir, daß *Fagus silvatica* und *Quercus petraea* dominieren.

Die Heidelbeer-Heiden als Verwüstungsstadien des Rotbuchenwaldes

(Fagetum silvaticae ↘ VACCINIETUM Myrtilli).

Diese Heidelbeer-Heiden treffen wir besonders in sehr schneereichen Lagen des optimalen Buchenklimagebietes. An der unteren warmen Grenze ist die Rotbuche nicht so ausschlagkräftig und wird daher im Niederwaldbetrieb von Eichen und Hainbuchen zurückgedrängt, während sie an der oberen, kühlen Verbreitungsgrenze, wo sie ebenfalls nicht mehr so ausschlagkräftig ist, durch den Kahlschlagbetrieb von Fichten abgelöst wird, die meist heidelbeerreiche Fichtenwälder bilden.

Eine Heidelbeer-Heide untersuchte ich westlich Rosenbach in Kärnten in Kanin, südlich des Hofes Oberstrelz, auf Moränenboden auf einem 10–20° geneigten Nordosthang und fand folgenden floristischen Aufbau (Aufnahme Nr. 2 folgender Liste).

Aufnahme Nr.:	1	2	3
Baumschicht:			
Fagus silvatica	5.5		
Picea excelsa	2.1		
Strauchschicht:			
Picea excelsa	2.3	1.1	
Alnus glutinosa		+.2	
Fagus silvatica	1.1	+	
Betula verrucosa		+	
Pinus silvestris		+	
Quercus Robur	+		
Corylus Avellana	+		
Rhamnus Frangula	+		
Sorbus aucuparia	+		
Niederwuchs:			
Vaccinium Myrtillus	5.3	4.5°	1.2°
Fragaria vesca		2.3	
Calluna vulgaris		2.2	5.4
Rubus idaeus		1.2	
Rubus „fruticosus"		1.2	
Melampyrum pratense	+	1.1	+
Dryopteris Filix-mas	+	1.1	
Hieracium Lachenalii	+	1.1	

Aufnahme Nr.:	1	2	3
Chamaenerion angustifolium		1.1	
Vaccinium Vitis-idaea	+	+.2	
Veronica officinalis	+	+.2	
Agrostis tenuis		+.2	1.1
Pteridium aquilinum	1.1	+	
Luzula albida	+	+	+
Anthoxanthum odoratum		+	+
Epilobium montanum		+	
Quercus Robur		+	
Erigeron canadensis		+	
Luzula pilosa		+	
Larix decidua		+	
Salix caprea		+	
Mycelis muralis		+	
Salvia glutinosa	+	+	
Athyrium Filix-femina		+	
Sambucus nigra		+	
Hieracium umbellatum	1.1		
Picea excelsa	1.1		
Pirola secunda	+.3		
Majanthemum bifolium	+		
Blechnum Spicant	+		
Viola silvestris	+		
Cytisus hirsutus	+		
Prenanthes purpurea	+		
Polypodium vulgare	+		
Oxalis Acetosella	+		
Knautia drymeia	+		
Betonica officinalis	+		
Genista sagittalis			2.2
Nardus stricta			1.2
Potentilla erecta			1.1
Arnica montana			1.1
Genista germanica			+
Lathyrus montanus			+
Sieglingia decumbens			+
Cytisus hirsutus			+
Luzula multiflora			+
Hieracium Pilosella			+
Galium vernum			+
Moosschicht:			
Polytrichum formosum	5.3	2.2	
Rhytidiadelphus triquetrus		+	+
Rhytidiadelphus loreus		+	
Pleurozium Schreberi	+.2		5.3
Polytrichum juniperinum			+
Hylocomium splendens			+

Wir haben hier eine Heidelbeer-Heide vor uns, welche einem vor fünf Jahren geschlagenen, streugenutzten heidelbeerreichen Rotbuchenmischwald entstammt. Wir finden in dieser Heidelbeer-Heide eine große Anzahl von Nitratpflanzen, die als Relikte der Kahlschlagvegetation zu betrachten sind; so insbesondere: *Fragaria vesca, Rubus idaeus, Rubus „fruticosus", Chamaenerion angustifolium, Sambucus nigra, Erigeron canadensis.* Daneben finden sich viele Sträucher, welche auf der Kahlfläche aufgekommen sind und die Waldentwicklung zum Rotbuchenmischwald einleiten: *Betula verrucosa, Alnus glutinosa, Salix caprea, Pinus silvestris, Larix decidua, Picea excelsa, Fagus silvatica, Quercus Robur.* Von allen diesen Sträuchern zeigt am meisten *Alnus glutinosa* den guten Wasserhaushalt des Unterbodens. Diese Annahme findet im Auftreten von *Rubus „fruticosus"* und *Pteridium aquilinum* ihre Bestätigung.

Leider werden weder die aufkommenden Sträucher als Vorläufer der Wiederbewaldung noch der feuchte Untergrund als Grundlage einer Wiesenkultur ausgewertet, sondern die Heidelbeer-Heide wird der Weideraubwirtschaft ausgesetzt und damit wird die Entwicklung zur *Calluna*-Heide, bzw. zum Bürstlingrasen begünstigt.

Wir haben also im Sinne meiner Vegetationsentwicklungstypen vor uns ein

„Fagetum myrtillosum ↘ VACCINIETUM Myrtilli alnetosum glutinosae ↘ Callunetum nardetosum strictae".

Zum besseren Verständnis dieser Zusammenhänge haben wir in Aufnahme Nr. 1 den floristischen Aufbau des angrenzenden streugenutzten heidelbeerreichen Rotbuchenwaldes aufgenommen.

Wir haben hier einen heidelbeerreichen Fichten-Rotbuchen-Mischwald vor uns, der sich ehemals über einen Stieleichen-Hainbuchenwald heraufentwickelte, durch Streunutzung seinen Nährstoffhaushalt verloren hat und heidelbeerreich wurde (Querceto Roboris-Carpinetum ↗ Abieto-Fagetum herbosum ↘ Piceeto-FAGETUM myrtillosum ↗ Abieto-Fagetum herbosum).

Bezeichnend für diesen Wald ist, daß die Arten der Heidelbeer-Heide, welche hohen Grundwasserstand erkennen lassen, hier in diesem Rotbuchenwalde fehlen, weil die Baumschicht wesentlich mehr Wasser des Untergrundes verbraucht als die Heidelbeer-Heide.

Anschließend folgt nun eine Aufnahme (Nr. 3) einer *Calluna*-Heide, welche von derselben Örtlichkeit stammt, aber schon vor zehn Jahren ihren Waldbestand verloren hat.

Wir ersehen aus dem floristischen Aufbau der *Calluna*-Heide, daß die Heidelbeere ihre Lebenskraft und herrschende Stellung schon sehr eingebüßt hat, daß die restlichen Nitratpflanzen der vorhergehenden Kahlschlaggesellschaft schon völlig verschwunden sind und der Bürstling mit seinen Begleitern *Potentilla erecta, Agrostis tenuis, Luzula campestris, Hieracium Pilosella, Arnica montana* sich schon sehr ausgebreitet hat.

W i r t s c h a f t l i c h e   F o l g e r u n g e n: Die Heidelbeer-Heide darf weder streugenutzt noch der Weideraubwirtschaft zugeführt werden; sondern sollte mit Unterstützung einer Schwarzerlen-, Birken- oder Ebereschen-Vorkultur zu einem Rotbuchen-Tannen-Fichten-Mischwald übergeführt werden. Die Schwarzerlen-Vorkultur hätte hier den Vorteil, weil sie vom Weidevieh weniger angegriffen wird.

Eine preißelbeerreiche Heidelbeer-Heide untersuchte ich am flach geneigten Osthang des Kandel ober Freiburg im Breisgau im südlichen Schwarzwald in 1230 m Seehöhe.

Floristischer Aufbau:

Aufnahme Nr.:	1	2	3
Seehöhe in Metern:	1230	1200	1235
Vaccinium Myrtillus	4.5	4.5	1.2°
Vaccinium Vitis-idaea	3.2	4.3	+.2
Nardus stricta	2.2	1.2	4.4
Arnica montana	2.2	1.1	2.2
Meum athamanticum	2.2	+	2.2
Antennaria dioica	2.2	+	1.2
Luzula multiflora	2.1	+°	1.1
Potentilla erecta	1.2	+	1.2
Hieracium Pilosella	1.1	+	1.2
Carex pilulifera	1.1	+	1.1
Calluna vulgaris	+.3	+.2	+
Luzula albida	+.2	+.2	
Rumex Acetosella	+.2	+°	
Festuca rubra	+.2	+.2	3.2
Anthoxanthum odoratum	+	1.1	1.1
Genista sagittalis	+	+	+
Anemone nemorosa	+	+	+°
Agrostis tenuis	+	+	+
Leontodon helveticus	+		+
Veronica officinalis	+	+	+
Leucorchis albida	+	+	+
Polygala serpyllifolia	+		
Platanthera bifolia	+	+	
Carex brachystachys	+	+	
Moosschicht:			
Pleurozium Schreberi	2.2°	4.5	2.2°
Polytrichum formosum	+.2	1.1	+.2

Aus vergleichenden Untersuchungen erfahren wir, daß unsere Heidelbeer-Heide ein Waldverwüstungsstadium des heidelbeerreichen Rotbuchenwaldes ist und durch den ungeregelten Weidebetrieb in einen Bürstlingrasen übergeführt wird.

Im Sinne meiner Vegetationsentwicklungstypen stelle ich ihn zum

Fagetum myrtillosum ↘ VACCINIETUM Myrtilli vacciniosum vitis-idaeae ↘ Nardetum.

Einige Meter tiefer, in 1200 m Seehöhe, am 5° geneigten Osthang, treffen wir eine ebenso entstandene Heidelbeer-Heide, deren floristischen Aufbau ich unter Nr. 2 gebracht habe. Auch diesen Bestand stelle ich zum selben Vegetationsentwicklungstyp.

Unter Nr. 3 habe ich den floristischen Aufbau eines Bürstlingsrasens gebracht, welcher nebenan in 1235 m Seehöhe am 10° geneigten Osthang durch Weideraubwirtschaft sich aus der Heidelbeer-Heide gebildet hat (Vaccinietum Myrtilli ↘ NARDETUM).

Der Vergleich dieser drei Aufnahmen ist darum so bemerkenswert, weil wir aus dem Aufbau erkennen, daß der grundlegende Unterschied zwischen der Heidelbeer-Heide (Vaccinietum Myrtilli) und dem Bürstlingrasen (Nardetum strictae) kein qualitativer, sondern ein quantitativer ist und daß es daher unmöglich ist, diese beiden Gesellschaften auf Grund von Charakterarten zu trennen, obwohl sie in wirtschaftlicher Hinsicht absolut getrennt werden müssen.

Der Spirkenwald dringt in den Moorheidelbeer-Bestand vor (Vaccinietum uliginosi ↗ Pinetum Mugi ssp. arboreae). Bayrische Au in Oberösterreich.

Es muß doch so sein, denn wenn wir einen heidelbeerreichen Rotbuchenwald niederschlagen, bleibt die Heidelbeer-Heide und verschiedene Begleiter des heidelbeerreichen Rotbuchenwaldes. Wird die Heidelbeer-Heide nicht beweidet, so entwickelt sie sich in sonniger Lage auf mehr oder weniger trockenem Boden in die *Calluna*-Heide. In diesem Falle folgt meist nur ein Wechsel in der Dominanz. Wird die Heidelbeer-Heide oder die *Calluna*-Heide der Weideraubwirtschaft zugeführt, so breitet sich der Bürstlingrasen aus und es tritt eine Verschiebung in der Artenverteilung ein; aber es bleiben doch, zumindest im Anfang dieser Entwicklung, die Pflanzen der vorhergehenden Gesellschaft als Reste erhalten.

S c h e m a t i s c h e D a r s t e l l u n g d i e s e r a b s t e i g e n d e n V e g e t a t i o n s e n t w i c k l u n g :

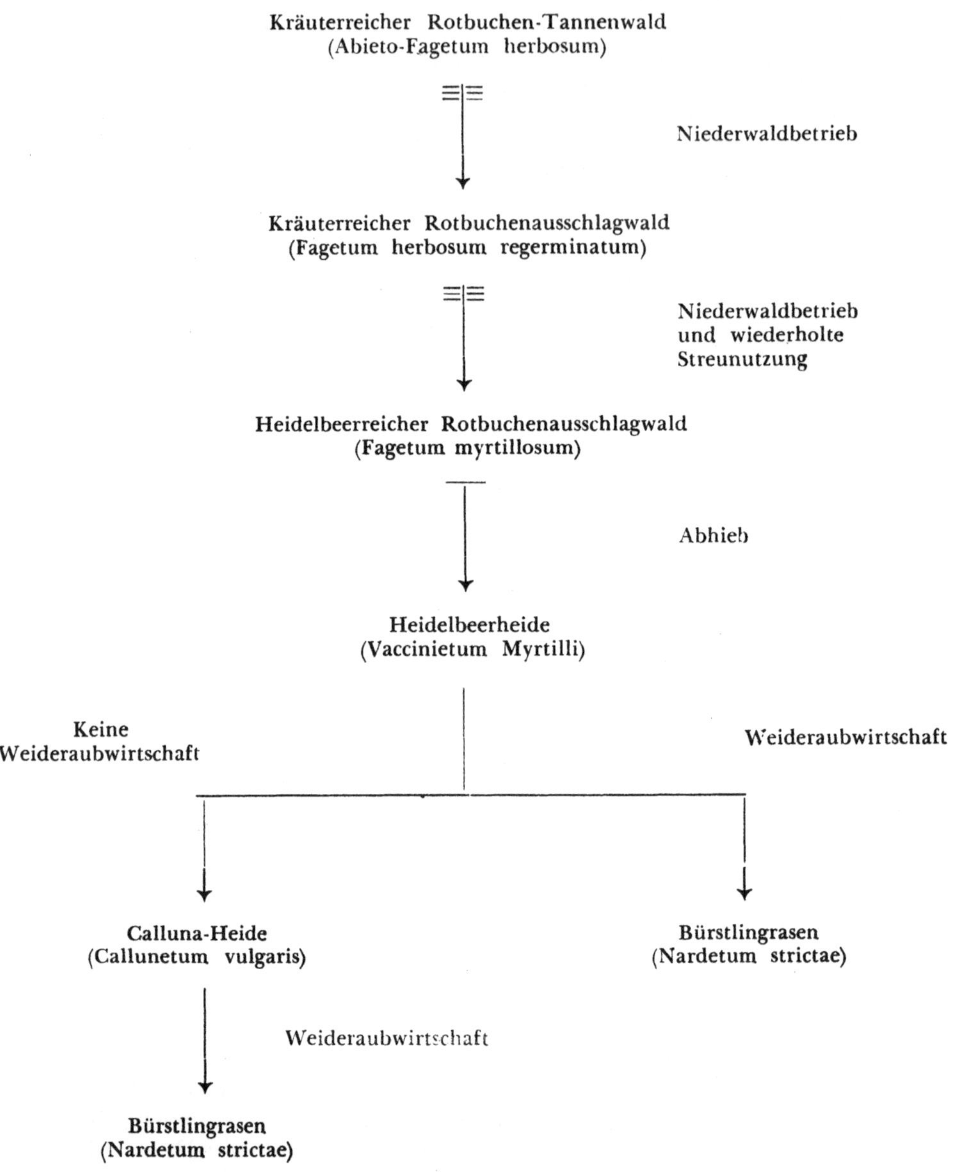

Erhält nun der Boden des Bürstlingrasens eine Volldüngung, so vermehrt sich vorerst der Rotschwingel *(Festuca rubra)* und es gesellen sich Weißklee *(Trifolium repens)* und Rotklee *(Trifolium pratense)* hinzu. Damit entwickelt sich der Bürstlingrasen im Sinne meiner Vegetationsentwicklungstypen zum kleereichen Rotschwingelrasen (Nardetum ↗ Festucetum rubrae trifoliosum).

Daraus erfahren wir, daß der Übergang von einer Gesellschaft zur anderen nicht plötzlich erfolgt, wie z. B. beim Vollumbruch, sondern langsam und daß sich je nach den Umweltbedingungen die Reste der vorhergehenden Gesellschaft mehr oder weniger lange halten.

Wirtschaftliche Folgerungen: Niederwaldbetrieb führt den Rotbuchen-Tannen-Fichtenmischwald in einen Rotbuchenausschlagwald über.

Streunutzung führt den kräuterreichen Rotbuchenausschlagwald in einen heidelbeerreichen Wald über.

Lichtstellung führt auf trockenem Boden in sonniger Lage den Heidelbeer-Bestand in eine *Calluna*-Heide über.

Moorbirken *(Betula pubescens)* und Spirken *(Pinus Mugo* ssp. *arborea)* besiedeln den Moorboden der Bayrischen Au in Oberösterreich.

Weideraubwirtschaft führt die Heidelbeer-Heide und die *Calluna*-Heide in einen Bürstlingrasen über.

Volldüngung führt den Bürstlingrasen vorerst in ein weißkleereiches Weideland über.

Hört die Weideraubwirtschaft auf, so entwickeln sich hier der Bürstlingrasen über eine *Calluna*-Heide und die Heidelbeer-Heide über einen Fichtenwald wieder zum Rotbuchen-Tannen-Fichten-Mischwald.

Ein solcher Fichtenwald, der auf ehemaligem Weidefeld aufgekommen ist, zeigt hier in 1060 m Seehöhe folgenden Aufbau:

Baumschicht:

Picea excelsa	5.5

Strauchschicht:

Fagus silvatica	+
Abies alba	+

Niederwuchs:

Deschampsia flexuosa	3.5
Vaccinium Myrtillus	2.4
Picea excelsa	1.1
Luzula silvatica	+.5
Luzula albida	+.3
Fagus silvatica	+
Prenanthes purpurea	+
Oxalis Acetosella	+
Sorbus aucuparia	+
Dryopteris spinulosa	+
Solidago Virgaurea	+
Polygonatum verticillatum	+
Hieracium silvaticum	+
Carex pilulifera	+
Abies alba	+

Moosschicht:

Rhytidiadelphus triquetrus	3.3
Hylocomium splendens	3.3
Dicranum scoparium	3.3
Polytrichum formosum	2.3
Pleurozium Schreberi	1.3

Die Fichtenwurzeln streichen ganz flach und verraten damit, daß sie nicht in der Lage sind, in den durch den Weidetritt verhärteten Boden einzudringen.

Damit trägt die Fichte wohl durch die Beschattung des Bodens, nicht aber durch ihre Bewurzelung zur Bodenverbesserung bei.

Was hätte man tun sollen?

Man hätte das ganze Gebiet im Sinne der Ordnung von Wald und Weide in die Gebiete trennen sollen, welche der geregelten Weidenutzung zugeführt, und in jene, welche wieder bewaldet werden sollen. Die Böden der für Waldnutzung bestimmten Gebiete hätte man durch einen Ebereschenvorbau vorerst verbessern und über diese Vorkultur die Fichte aufbringen sollen. Dann schaffen die Ebereschen einen tief durchlüfteten Boden und ermöglichen der Fichte tiefer einzudringen.

Eine Heidelbeer-Heide (Aufnahme Nr. 1) untersuchte ich in 1265 m Seehöhe auf einem 5° Süd geneigten Hang am Rande eines heidelbeerreichen Rotbuchenwaldes am Schauinsland ob Freiburg im Breisgau.

Floristischer Aufbau:

Aufnahme Nr.:	1	2
Vaccinium Myrtillus	5.5	+.2°
Festuca rubra	2.2	+.2
Anthoxanthum odoratum	1.2	+.2
Galium hercynicum	1.2	2.3
Agrostis tenuis	1.2	+.2
Deschampsia flexuosa	1.2	1.2
Potentilla erecta	1.1	2.2
Rumex Acetosella	1.1	+

Aufnahme Nr.:	1	2
Fagus silvatica	1.1	+⁰
Carex pilulifera	1.1	1.1
Nardus stricta	1.1	5.5
Hieracium Pilosella	+	2.2
Veronica officinalis	+	1.2
Luzula albida	+	+
Anemone nemorosa	+	+
Poa Chaixii	+	
Luzula multiflora		+
Sieglingia decumbens		+.2
Leontodon helveticus		+
Polytrichum formosum	1.2	

Aus vergleichenden Untersuchungen ersehen wir, daß dieser Heidelbeer-Bestand nach Abhieb des heidelbeerreichen Rotbuchenwaldes entstanden ist und infolge der Lichtstellung und ungeregelt betriebenen Beweidung in einen Bürstlingrasen übergeht.

Wir haben also vor uns ein Fagetum myrtillosum ↘ VACCINIETUM Myrtilli ↘ Nardetum.

Würde die Heidelbeer-Heide nicht ungeregelt beweidet, so käme in diesem optimalen Rotbuchenklimagebiet die Rotbuche als Ausschlagbestand wieder auf (Fagetum myrtillosum ↘ Vaccinietum Myrtilli callunosum ↗ Fagetum myrtillosum).

Da aber die Heidelbeer-Heide die sonnige Lage im Freistand nicht so gut ertragen kann wie die *Calluna*-Heide, würde in zunehmendem Maße die *Calluna*-Heide die Heidelbeer-Heide zurückdrängen (Vaccinietum Myrtilli ↘ Vaccinietum Myrtilli callunosum ↘ Callunetum).

Im folgenden fasse ich diese Möglichkeiten der Vegetationsentwicklung in einer schematischen Darstellung zusammen:

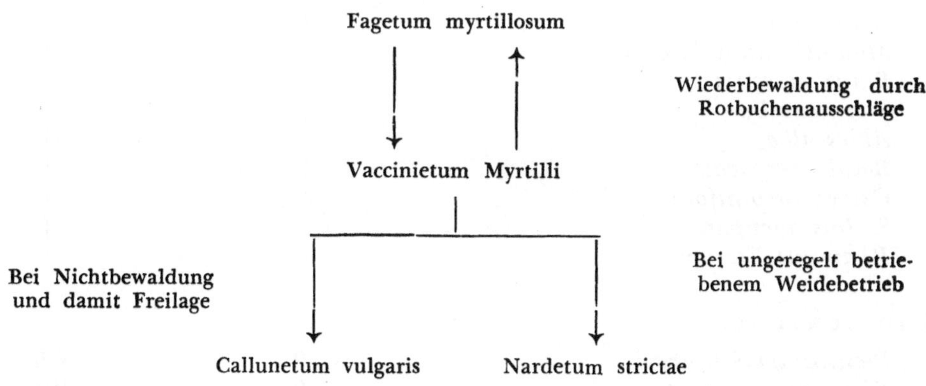

W i r t s c h a f t l i c h e F o l g e r u n g e n : Durch die ungeregelt betriebene Weidewirtschaft wird nicht nur die Wiederbewaldung verhindert und die Vegetationsentwicklung zum Bürstlingrasen begünstigt, sondern auch der Boden oberflächlich noch mehr ausgetrocknet.

Ich habe als Aufnahme Nr. 2 den floristischen Aufbau eines benachbarten Bürstlingrasens beigefügt, um aufzuzeigen, wie sehr dieser Aufbau mit der syngenetisch verbundenen Heidelbeer-Heide Beziehung hat, aber auch um zu zeigen, wie durch die Freilage und Entwicklung zum Bürstlingrasen sich Arten durchsetzen, die an den Wasserhaushalt des Bodens geringere Ansprüche stellen als die Heidelbeer-Heide, z. B. *Luzula multiflora, Hieracium Pilosella, Sieglingia decumbens, Leontodon helveticus.*

Wirtschaftlich gesehen ist weder ein Rotbuchenausschlagwald noch der Bürstlingrasen ein erstrebenswertes Ziel. Daher sollte man entweder diese Heidelbeer-Heide durch düngende Maßnahmen und geregelte Beweidung in ein gutes Weideland überführen oder man sollte sie wieder bewalden.

Für die Bewaldung dieser Fläche müßten wir uns eines Ebereschen- oder Birkenvorbaues bedienen; denn der durch Streunutzung und Weideraubwirtschaft ausgeraubte, verdichtete saure Rohhumusboden muß durch einen Vorbau so verbessert werden, daß er früher oder später wieder in einen naturnahen Wirtschaftswald von Fichte, Tanne und Rotbuche übergeführt werden kann.

Eine andere Heidelbeer-Heide untersuchte ich auf dem ebenen Boden östlich des Schistadions von Möltschach bei Villach in 600 m Seehöhe.

Floristischer Aufbau:

	Im Jahre 1948	1949
Vaccinium Myrtillus	5.5	5.5
Melampyrum pratense	1.2	2.2
Luzula albida	1.2	1.2
Pteridium aquilinum	1.1	1.1
Calluna vulgaris	+.2	2.3
Quercus Robur	+.2	+.2
Fagus silvatica	+.2	+.2
Erica carnea	+	+.2
Luzula pilosa	+	+
Luzula multiflora	+	+
Carex pilulifera	+	+
Majanthemum bifolium	+	+[0]
Pinus silvestris	+	+
Picea excelsa	+	+
Abies alba	+	+
Betula verrucosa	+	+
Ostrya carpinifolia	+	+
Sorbus aucuparia	+	+
Rhamnus Frangula	+	+
Moosschicht:		
Pleurozium Schreberi	+.2	4.5
Dicranum undulatum	+.2	2.3
Polytrichum formosum	+.2	1.2

Vergleichende Untersuchungen ergaben, daß die Heidelbeer-Heide vom Jahre 1948 ein Kahlschlagstadium eines streugenutzten Rotbuchen-Tannen-

Fichten-Mischwaldes ist, welcher sich über einen Eichen-Mischwald heraufentwickelt hat. Ich stelle diese Heidelbeer-Heide daher im Sinne meiner Vegetationsentwicklungstypen zum

Abieto-Fagetum myrtillosum ↘ VACCINIETUM Myrtilli quercetosum Roboris ↗ Pinetum silvestris callunosum.

Aus dem floristischen Aufbau ersehen wir, daß infolge der Streunutzung die Moosschicht sehr zurücktritt.

Eine Menge anspruchsloser Holzarten, wie *Betula verrucosa, Rhamnus Frangula, Ostrya carpinifolia, Pinus silvestris, Sorbus aucuparia* kommen neben den Ausschlägen von *Quercus Robur* und *Fagus silvatica* auf und leiten die Wiederbewaldung ein.

Bezeichnend für diese Heidelbeer-Heide ist ferner, daß

1. die bodenbasische *Erica carnea* in der bodensauren Heidelbeer-Heide auftritt;
2. der Adlerfarn *(Pteridium aquilinum)* und der Faulbaum *(Rhamnus Frangula)*, welche guten Wasserhaushalt im Untergrund erkennen lassen, in dieser mehr oder weniger bodentrockenen Gesellschaft auftreten;
3. die Besenheide *(Calluna vulgaris)* sehr zurücktritt;
4. die Tanne lebenskräftig in der Heidelbeer-Heide aufkommt.

Die basiphile *Erica* findet in unserer Heidelbeer-Gesellschaft zusagende Lebensbedingungen, weil der Terrassenboden aus silikatischem und basischem Flußgeschiebe besteht.

Der Adlerfarn und Faulbaum finden gute Lebensbedingungen, weil der Untergrund eine mehr oder weniger wasserstauende verdichtete Schicht enthält.

Die Besenheide konnte als lichtbedürftiger Zwergstrauch im streugenutzten heidelbeerreichen Rotbuchen-Tannenwald nicht aufkommen, weil sie die Beschattung nicht ertragen kann. Sie ist aber jetzt, nach Abhieb des Bestandes und Beseitigung der Beschattung, wie aus der Aufnahme vom Jahre 1949 zu ersehen ist, in Ausbreitung begriffen.

Die Tanne kann darum in der Heidelbeer-Heide lebenskräftig aufkommen, weil sie hier am besonders luftfeuchten Nordhang des Ostausläufers der Villacher Alpe an die Bodenfrische geringere Ansprüche stellt als in lufttrockeneren, sonnigeren Lagen.

Für die Aufnahme unserer Heidelbeer-Heide aus dem Jahre 1949 ist besonders bezeichnend, daß sich die *Calluna*-Heide ebenso ausbreitet wie die Moosschicht, welche durch die Streunutzung zurückgedrängt worden war. Unsere Annahme, daß die *Calluna*-Heide in Ausbreitung begriffen ist, findet insbesondere dadurch ihre Bestätigung, daß die älteren Kahlschlagflächen desselben Terrassenbodens bereits einen *Calluna*-reichen Rotföhrenwald tragen.

In folgender schematischen Darstellung der regressiven und progressiven Waldentwicklung soll gezeigt werden, wie durch die Streunutzung der ehemals kräuterreiche Rotbuchen-Tannen-Mischwald heidelbeerreich wurde, wie dieser durch Kahlschlag zur Heidelbeer-Heide degradiert und wie diese Heidelbeer-Heide in der freien sonnigen Lage zur *Calluna*-Heide wurde.

Die progressive Waldentwicklung zeigt, wie sich nun in der *Calluna*-Heide die Rotföhre durchsetzt und wie schließlich im schattigen Rotföhrenwald wieder die Heidelbeere aufkommt und die *Calluna*-Heide zurücktritt. Im heidelbeerreichen Rotföhrenwald kommt die Fichte auf, welche den Boden sehr beschattet und die Waldentwicklung zum kräuterreichen Rotbuchen-Tannen-Mischwald führt, welcher hier vermutlich das Schlußglied der Waldentwicklung darstellt.

Während also in der primären Waldentwicklung die Eiche eine größere Rolle spielt, stellt die sekundäre Waldentwicklung infolge des durch die Streunutzung bedingten Rohhumusanfalles eine Fehlleitung über den Fichtenwald dar.

Schematische Darstellung der absteigenden und aufsteigenden Waldentwicklung:

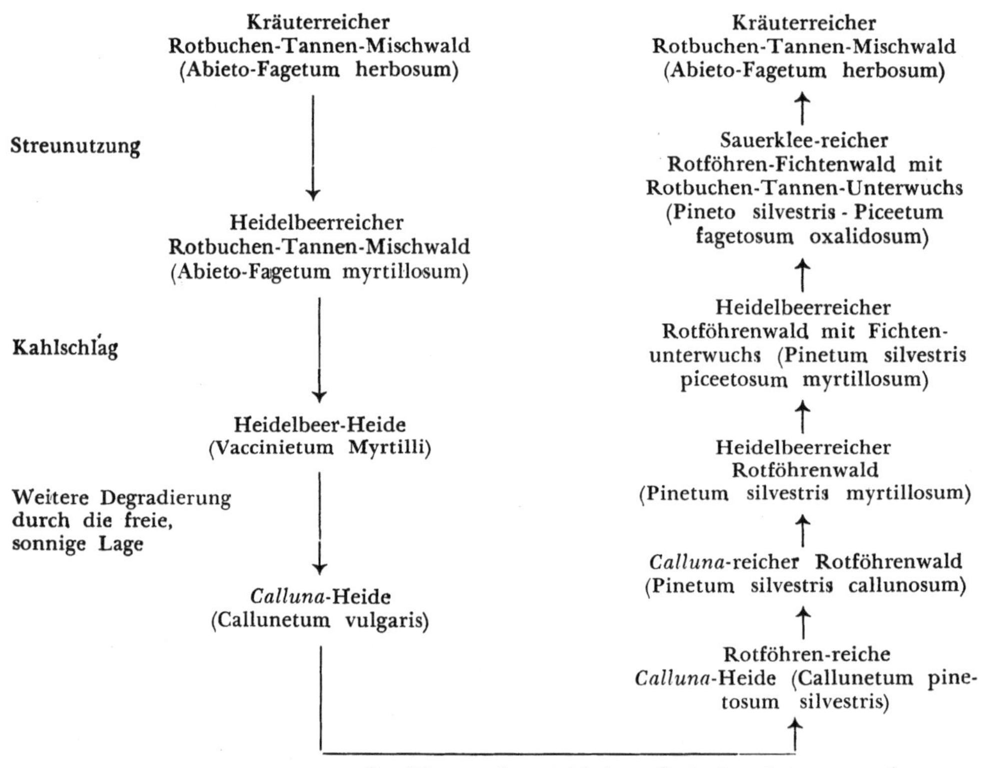

Wir ersehen aus dieser schematischen Darstellung, daß sich in der sekundären Aufwärtsentwicklung die Fichte einschaltet.

Dieser andere Gang der sekundären Waldentwicklung ist eben durch den großen Rohhumusanteil zu verstehen, den die Streunutzung geschaffen hat.

Während im Klimagebiet der Fichte in der Nadelwaldstufe die Kühle des Klimas, die kurze Vegetationszeit der Entwicklung eines reichlichen Bodenlebens entgegenstehen und daher der saure Bestandesabfall nicht in milden

Humusboden übergeführt werden kann, vernichtet in der warmen Laubwaldstufe die Streunutzung das Bodenleben und ermöglicht durch Bildung von Rohhumus das Aufkommen der Fichte. Die Bildung eines sauren Rohhumusbodens wird auch durch die sauer reagierenden Bestandesabfälle der Heidelbeer-Heide, der *Calluna*-Heide und des Rotföhrenwaldes begünstigt.

Wirtschaftliche Folgerungen: Wir kommen durch diese Betrachtung zur Überzeugung, daß durch die Streunutzung das Bodenleben vernichtet, Rohhumus gebildet und dadurch das natürliche Aufkommen der Fichte ermöglicht wird.

Im nährstoffreichen Boden des kräuterreichen Typs würde die Fichte der Kernfäule (durch *Trametes radiciperda)* unterliegen.

Trotz alledem haben wir keine Veranlassung, das Aufkommen der Fichte besonders zu begünstigen, weil sie hier in der sauren Auflagehumusschicht nur flach wurzelt und sehr leicht dem Fichtenborkenkäfer *(Yps typographus)* unterliegen würde, da dieser im warmen Klima eine mehrfache Generation besitzt.

Die standortgemäße Holzart dieser streugenutzten Böden ist zweifellos die Rotföhre. Alle Laubhölzer, die in der Heidelbeer-Heide aufkommen, sollten aber zur Bodenverbesserung herangezogen werden, damit wir unser Betriebsziel, den kräuterreichen Rotbuchen-Tannen-Fichten-Mischwald, möglichst bald erreichen.

Die Heidelbeer-Heide als Verwüstungsstadium des heidelbeerreichen Bergahornwaldes

(Aceretum Pseudoplatani ↘ VACCINIETUM Myrtilli)

Diese Heidelbeer-Heiden treffen wir besonders an der oberen Grenze des Bergahornvorkommens, das ist in einem schmalen Gürtel an der oberen Grenze der Laubwaldstufe bzw. an der unteren Grenze der Nadelwaldstufe.

Die Heidelbeer-Heide als Verwüstungsstadium des bodensauren Birkenwaldes

(Betuletum pubescentis ↘ VACCINIETUM Myrtilli)

Hugo Osvald untersuchte am 14. Juli 1919 im Komossegebiet bei Strommö einen heidelbeerreichen Moorbirkenwald auf silikatischem Moränenboden und fand folgenden floristischen Aufbau:

Baumschicht:

Betula pubescens	5

Zwergstrauchschicht:

Vaccinium Myrtillus	5
Vaccinium Vitis-idaea	1

Krautschicht:

Pteridium aquilinum	1
Majanthemum bifolium	1
Deschampsia flexuosa	1

Moosschicht:

Dicranum undulatum	1
Pleurozium Schreberi	1
Hylocomium splendens	1

Hugo Osvald stellt diesen heidelbeerreichen Birkenwald zur *Betula pubescens - Vaccinium Myrtillus* - Ass.

Wird dieser heidelbeerreiche Birkenwald niedergeschlagen, so erhalten wir eine Heidelbeer-Heide, die ich im Sinne meiner Vegetationsentwicklungstypen zum

„Betuletum pubescentis myrtillosum ↘ VACCINIETUM Myrtilli silicicolum ↗ Betuletum"

stelle.

Wie weit nun diese Heidelbeer-Heide sich länger hält bzw. von einer anderen Zwergstrauchheide abgelöst wird, hängt von der lokalklimatischen Lage ab.

Die Heidelbeer-Heide als Verwüstungsstadium des Ebereschenbestandes

(Sorbetum aucupariae ↘ VACCINIETUM Myrtilli)

Diese Heidelbeer-Heiden treffen wir besonders in schneereichen schattigen Lagen der Oberen Laubwaldstufe und in der Nadelwaldstufe (siehe Aufnahmen Nr. 1 u. 3, Seite 70).

Die Heidelbeer-Heide als Verwüstungsstadium des Grünerlenbestandes

(Alnetum viridis ↘ VACCINIETUM Myrtilli)

Diese Heidelbeer-Heiden treffen wir besonders in sehr schneereichen Lagen in der Oberen Laubwaldstufe und in der Nadelwaldstufe auf Böden mit gutem Wasserhaushalt an.

Eine solche Heidelbeer-Heide untersuchte ich auf einem 20° geneigten Westhang des Vertatschasattels (Loiblpaßgebiet, Karawanken) in 1830 m Seehöhe.

Vaccinium Myrtillus	4.5	*Athyrium alpestre*	+.2
Saxifraga cuneifolia	2.2	*Clematis alpina*	+.2
Vaccinium Vitis-idaea	2.2	*Poa nemoralis*	+°
Luzula silvatica ssp. *Sieberi*	2.2	*Polystichum Lonchitis*	+
Lycopodium annotinum	1.2	*Daphne Mezereum*	+
Calamagrostis villosa	1.2	*Hypericum maculatum*	+
Oxalis Acetosella	1.2	*Alnus viridis*	+
Rhododendron hirsutum	1.2	*Sorbus aucuparia*	+
Solidago Virgaurea ssp. *alpestris*	1.2	*Pinus Mugo*	+
Sorbus Chamaemespilus	1.2	*Lonicera coerulea*	+
Homogyne alpina	1.2	*Valeriana montana*	+
Thelypteris Dryopteris	1.2	*Veratrum album*	+
Rubus idaeus	1.2	*Lilium Martagon*	+
Saxifraga rotundifolia	1.1°	*Senecio nemorensis* ssp. *Jacquinianus*	+
Fragaria vesca	1.1	*Viola biflora*	+
Athyrium Filix-femina	+.2	*Cirsium Erisithales*	+

Aus vergleichenden Untersuchungen erfahren wir, daß dieser Heidelbeerbestand ein Waldverwüstungsstadium eines Grünerlenbuschwaldes ist, welcher sich über einen heidelbeerreichen Latschenbuschwald heraufentwickelt hat und sich früher oder später wieder über einen Latschenbuschwald zum Grünerlenbestand entwickeln wird. Ich stelle diese Heidelbeer-Heide im Sinne meiner Vegetationsentwicklungstypen zum

Alnetum viridis pinetosum Mugi calcicolum myrtillosum ↘ VACCINIETUM Myrtilli ↗ Pinetum Mugi.

Der Umstand, daß unsere Heidelbeer-Heide mit einem Grünerlenbestand in Beziehung steht, welcher in einem bodentrockenen Latschenbuschwald aufgekommen ist, macht es uns verständlich, daß so wenig Arten auftreten, welche feuchten Boden erkennen lassen.

Zum Verständnis dieser Zusammenhänge folgt die floristische Aufnahme eines Grünerlen-Bestandes, welcher unter sonst gleichen Umweltbedingungen unserer Heidelbeer-Heide angrenzt.

Floristischer Aufbau:

Strauchschicht:

Alnus viridis	5.5
Sorbus Chamaemespilus	2.2
Pinus Mugo	1.1
Lonicera coerulea	1.1
Rosa pendulina	1.1
Sorbus aucuparia	+.2
Salix appendiculata (= *S. grandifolia*)	+.2

Niederwuchs:

Vaccinium Myrtillus	4.4
Saxifraga cuneifolia	2.2
Oxalis Acetosella	2.1
Vaccinium Vitis-idaea	1.2
Luzula silvatica ssp. *Sieberi*	1.1
Rhododendron hirsutum	1.1
Poa nemoralis	1.1
Athyrium alpestre	1.1
Athyrium Filix-femina	1.1
Saxifraga rotundifolia	1.1
Fragaria vesca	1.1
Valeriana montana	1.1
Homogyne alpina	1.1
Viola biflora	1.1
Clematis alpina	+.2
Calamagrostis villosa	+.2
Solidago Virgaurea ssp. *alpestris*	+
Paris quadrifolia	+
Polystichum Lonchitis	+
Daphne Mezereum	+
Rubus idaeus	+
Hypericum maculatum	+
Primula elatior	+
Veratrum album	+
Thelypteris Dryopteris	+
Lilium Martagon	+
Senecio nemorensis ssp. *Jacquinianus*	+
Cirsium Erisithales	+
Lycopodium annotinum	+

Wir erkennen aus dem floristischen Aufbau dieses Grünerlen-Bestandes, wie groß noch seine Beziehungen zum heidelbeerreichen Latschenbuschwald sind. *Pinus Mugo, Lonicera coerulea, Sorbus aucuparia, Vaccinium Myrtillus, Luzula silvatica* ssp. *Sieberi, Saxifraga cuneifolia, Homogyne alpina, Vaccinium Vitis-idaea, Thelypteris Dryopteris, Plagiothecium undulatum, Lycopodium annotinum, Calamagrostis villosa* weisen darauf hin.

Wir haben hier also einen Grünerlenbestand vor uns, der im heidelbeerreichen Latschenbuschwald aufgekommen ist.

„Pinetum Mugi myrtillosum ↗ ALNETUM viridis pinetosum Mugi myrtillosum ↗ Lariceto-Piceetum".

Wirtschaftliche Folgerungen: Wie können wir nun die Heidelbeer-Heide, welche ein Waldverwüstungsstadium eines im heidelbeerreichen Latschenbuschwald hochgekommenen Grünerlenbestandes ist, möglichst rasch zum Lärchen-Fichten-Wirtschaftswald führen?

Wenn wir unsere Heidelbeer-Heide ansehen, so finden wir in ihr verschiedene Sträucher, wie *Alnus viridis, Sorbus aucuparia, Sorbus Chamaemespilus, Pinus Mugo,* welche in der jungen Heidelbeer-Heide aufkommen. Auch ohne Zutun des wirtschaftenden Menschen würde sich über einen Vorwald von diesen Sträuchern der Lärchen-Fichten-Wald einfinden. Wir können aber diese Entwicklung wesentlich beschleunigen, wenn wir in unserer Heidelbeer-Heide Grünerle und Eberesche vorbauen und in ihrem Schutze Lärche und Fichte anforsten.

Die Heidelbeer-Heide als Verwüstungsstadium des Rotföhrenwaldes

(Pinetum silvestris ↘ VACCINIETUM Myrtilli).

Diese Heidelbeer-Heiden treffen wir in der Unteren Laubwaldstufe im Verbreitungsgebiet der heidelbeerreichen Rotföhrenwälder.

Eine solche Heidelbeer-Heide untersuchte ich in ebener Lage ober der Straße Wernberg–Lind–Sternberg in Kärnten in 650 m Seehöhe.

Floristischer Aufbau:

Vaccinium Myrtillus	5.5	*Galium vernum*	+
Pteridium aquilinum	3.2	*Pirola secunda*	+
Quercus Robur	2.1	*Campanula rotundifolia*	+
Fragaria vesca	1.4	*Euphorbia Cyparissias*	+
Potentilla erecta	1.2	*Salix caprea*	+
Genista tinctoria	1.2	*Pirus communis*	+
Calluna vulgaris	1.2	*Luzula albida*	+
Berberis vulgaris	1.2	*Majanthemum bifolium*	+
Vaccinium Vitis-idaea	1.2	*Sieglingia decumbens*	+
Lathyrus montanus	1.1	*Anemone trifolia*	+
Picea excelsa	1.1	*Agrostis tenuis*	+
Crataegus monogyna	1.1	*Luzula multiflora*	+
Carpinus Betulus	+.2	*Polygala Chamaebuxus*	+
Carex digitata	+.2		
Genista germanica	+.2	Moosschicht:	
Galium rotundifolium	+.2	*Pleurozium Schreberi*	2.3
Luzula pilosa	+	*Dicranum undulatum*	1.3
Cytisus supinus	+	*Polytrichum formosum*	1.2

Aus vergleichenden Untersuchungen erfahren wir, daß unsere Heidelbeer-Heide ein Waldverwüstungsstadium eines bodenfrischen Adlerfarn-Heidelbeerreichen Rotföhren-Fichten-Mischwaldes ist und durch die Lichtstellung zu einer oberflächlich bodentrockenen *Calluna*-Heide degradiert wird. Der Rotföhren-

Fichten-Mischwald ist ein durch die verschiedenen waldverwüstenden Eingriffe fehlgeleiteter Kulturwald auf ehemaligem Eichen-Hainbuchenwaldboden.

Ich stelle diese Heidelbeer-Heide daher zum

„Pinetum silvestris quercetosum myrtillosum ↘ VACCINIETUM Myrtilli pteridiosum aquilini ↘ Callunetum pteridiosum aquilini.“

Als Unterscheidungsarten der Beziehung zum Eichenwald stelle ich hinaus:

Quercus Robur,
Genista germanica,
Pirus communis,
Crataegus monogyna,
Lathyrus montanus,
Carpinus Betulus,
Melampyrum pratense ssp. *vulgatum.*

Von diesen Arten kennzeichnen die letzteren drei den Bodensauren Eichenwald.

Als Unterscheidungsart der Bodenfrische im Unterboden treffen wir in unserer Heidelbeer-Heide: *Pteridium aquilinum.*

Als Unterscheidungsarten der Weideraubwirtschaft finden sich:

Pteridium aquilinum,
Sieglingia decumbens,
Berberis vulgaris,
Crataegus monogyna,
Euphorbia Cyparissias.

Schematische Darstellung der Vegetationsentwicklung.

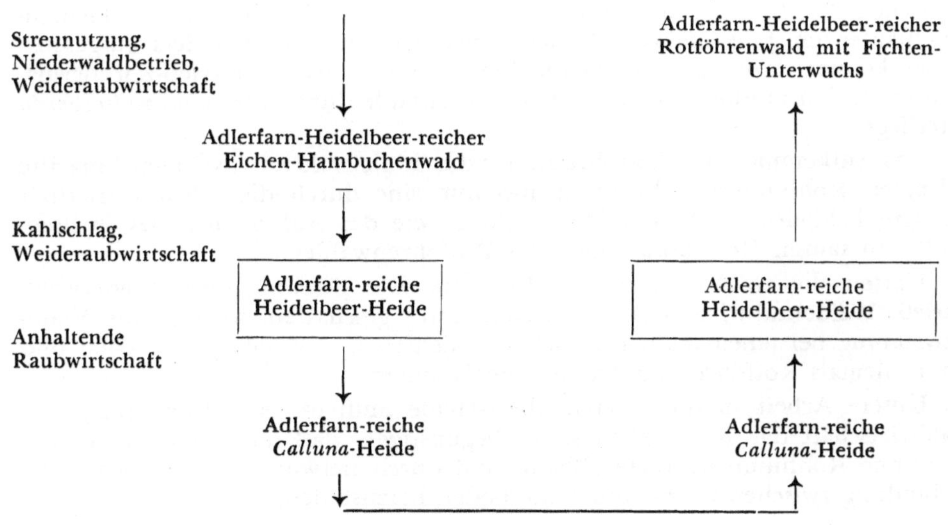

Wirtschaftliche Folgerungen: Unsere Heidelbeer-Heide ist im Hinblick auf die Bodengüte überhaupt nicht zu vergleichen mit den nährstoffarmen, bodentrockenen Heidelbeer-Heiden schneereicher Lagen.

Gewiß haben auch hier Streunutzung, Niederwaldbetrieb und Weideraubwirtschaft die Bodengüte herabgesetzt und oberflächlich Rohhumus geschaffen. Dies gilt aber hier nur für den Oberboden, denn der Unterboden ist nicht nur frisch, sondern besitzt auch einen einigermaßen guten Nährstoffhaushalt.

Hier haben wir durch pflegliche Wirtschaft die durch Mißwirtschaft aufgebaute obere Rohhumusschichte abzubauen und die Verbindung mit dem guten Unterboden herzustellen.

Am besten gelingt uns dies hier mit Grau- und Schwarzerle *(Alnus incana, A. glutinosa)*. Diese beiden Holzarten haben gegenüber Birke, Aspe und Eberesche noch den großen Vorteil, daß sie den Boden mit Stickstoff anreichern und vom Weidevieh nicht gefressen werden.

Die anspruchsvolleren Arten *Galium vernum, Majanthemum bifolium, Anemone trifolia* zeigen uns, daß örtlich der Rohhumus schon in milderen Humus übergeführt wurde.

Das Betriebsziel könnte hier sein:

1. ein Stieleichenwald mit Hainbuchen-Zwischenbestand als Bodenschutz und Treibholz,
2. ein Rotbuchen-Tannen-Fichten-Mischwald.

Wenn auch die Rotföhre hier lebenskräftig aufkommt, so würden wir doch den Rotföhrenwald nicht anstreben, weil dieser Holzart der Boden zu gut ist, sie daher sehr in die Äste wächst, kein gutes Nutzholz erzeugt und durch den Schneebruch besonders gefährdet ist.

Wenn auch im Unterwuchs des Erlen-Vorwaldes die Fichte wuchskräftig aufkommen würde, so würden wir niemals einen Fichten-Reinbestand anstreben, weil der Fichte diese Standortsverhältnisse nicht besonders zusagen. Die schnellwachsende Fichte wäre hier im warmen Eichenwaldklima, wo der Fichtenborkenkäfer im Jahr mehrere Generationen hat, diesem besonders ausgesetzt. Ferner kommt dazu, daß die Fichte hier in sehr kurzer Umtriebszeit bewirtschaftet werden müßte, weil sie sonst der Kernfäule durch *Trametes radiciperda* unterliegt.

Das Aufkommen der Rotföhre in der durch die waldverwüstenden Eingriffe bedingten Rohhumusschicht ist ebenso nur eine durch diese Raubwirtschaft bedingte Fehlleitung der Waldentwicklung wie das Aufkommen des Fichtenwaldes im sauren Rohhumusboden des Rotföhrenwaldes.

Hätten die waldverwüstenden Eingriffe, wie Streunutzung, Niederwaldbetrieb, Weideraubwirtschaft, nicht Rohhumus geschaffen, so wäre die Waldentwicklung bei einem nährstoffreichen bodenfrischen Waldtyp geblieben und wären niemals Rotföhre und Fichte aufgekommen.

Unsere Arbeit in dieser Heidelbeer-Heide muß es sein, durch pflegliche Waldwirtschaft das Bodenleben so zu begünstigen, daß dieses möglichst bald die dünne Rohhumusschwarte abbaut, und durch tiefwurzelnde Holzarten die Verbindung zwischen Ober- und Unterboden herzustellen.

Die Heidelbeer-Heide als Verwüstungsstadium des Fichtenwaldes

(Piceetum excelsae ↘ VACCINIETUM Myrtilli)

Diese Heidelbeer-Heiden besitzen, wie zu erwarten ist, allergrößte Verbreitung, denn die Lebensbedürfnisse der Heidelbeere und der Fichte sind annähernd dieselben.

Wir müssen aber unterscheiden, die Heidelbeer-Heiden, die

a) Verwüstungsstadien der mehr oder weniger bodentrockenen Fichtenwälder silikatischer Böden sind (Piceetum silicicolum ↘ VACCINIETUM Myrtilli)

von denen, die

b) Verwüstungsstadien von Fichtenhochmoorwäldern sind (Piceetum turfosum ↘ VACCINIETUM Myrtilli).

Einen bodentrockenen Heidelbeer-Bestand untersuchte ich im Feldberggebiet des südlichen Schwarzwaldes auf einem schwach Süd geneigten Hang zwischen Todtnauhütte und Stübenwasen in sehr schneereicher Lage.

Floristischer Aufbau:

Vaccinium Myrtillus	5.5
Blechnum Spicant	2.2
Deschampsia flexuosa	2.2
Thelypteris Oreopteris	2.2
Picea excelsa	2.1
Sorbus aucuparia	2.1
Luzula silvatica	1.2
Melampyrum silvaticum	1.1
Fagus silvatica	1.1
Galium hercynicum	+.2
Calamagrostis arundinacea	+.2
Oxalis Acetosella	+.2
Anthoxanthum odoratum	+.2
Dryopteris spinulosa	+.2
Athyrium filix-femina	+.2
Solidago Virgaurea	+.2
Senecio Fuchsii	+.2
Ranunculus aconitifolius	+.2
Hieracium Lachenalii	+
Luzula albida	+
Milium effusum	+
Rumex arifolius	+
Veronica officinalis	+
Poa Chaixii	+
Acer Pseudoplatanus	+

Moosschicht:

Rhytidiadelphus loreus	4.5
Pleurozium Schreberi	1.3
Dicranum scoparium	1.3
Rhytidiadelphus triquetrus	1.2
Polytrichum formosum	1.2
Hylocomium splendens	1.2

Vergleichende Untersuchungen zeigen uns, daß unsere Heidelbeer-Heide ein Waldverwüstungsstadium des heidelbeerreichen Fichtenwaldes ist, welcher auf einem Weideboden aufgekommen ist und über einen Ebereschenvorwald sich wieder zum Rotbuchen-Tannen-Fichten-Mischwald entwickelt.

Ich stelle diese Heidelbeer-Heide zum

„Piceetum fagetosum myrtillosum ↘ VACCINIETUM Myrtilli ↗ Sorbetum aucupariae".

In unserer Heidelbeer-Heide haben sich noch eine ganze Reihe von Farnen und anspruchsvolleren krautigen Blütenpflanzen erhalten z. B. *Athyrium Filix-femina, Thelypteris Oreopteris, Prenanthes purpurea, Oxalis Acetosella, Milium effusum, Rumex arifolius.*

S c h e m a t i s c h e   D a r s t e l l u n g   d e r   V e g e t a t i o n s e n t w i c k l u n g.

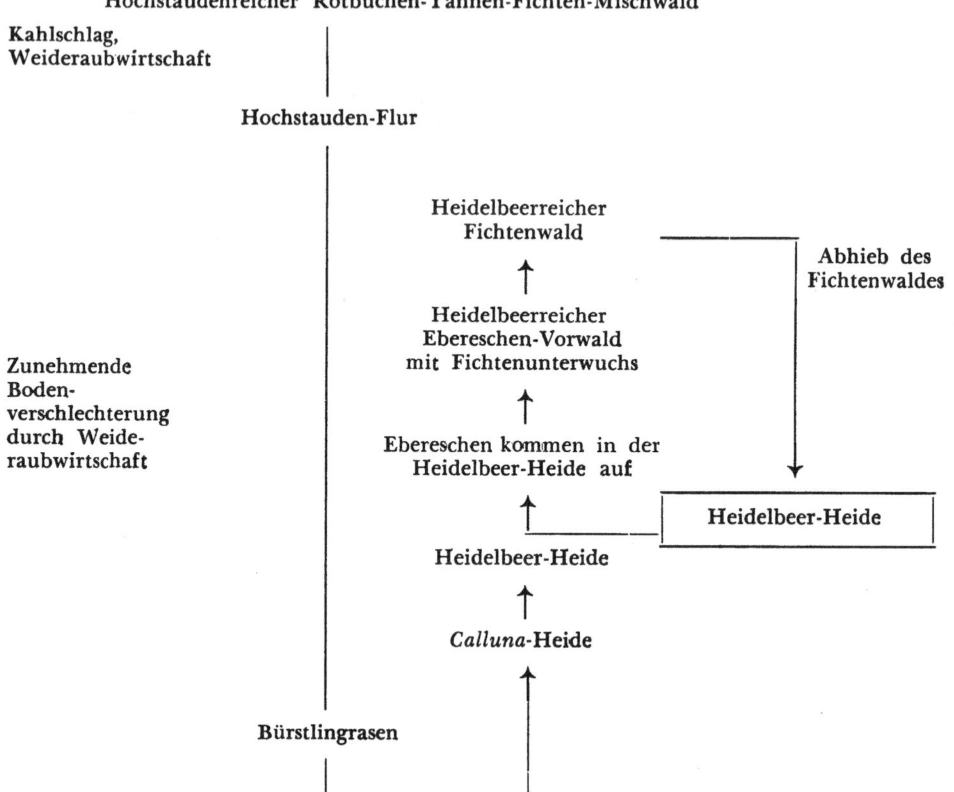

Die Annahme, daß der heidelbeerreiche Fichtenwald auf einem Boden siedelt, auf dem ein Rotbuchen-Tannen-Fichten-Mischwald gestanden ist, ist keine bloße Vermutung, sondern beruht auf Tatsachen. So finden wir im benachbarten Fichtenwald und in der Heidelbeer-Heide ein große Zahl schon vollkommen verrotteter Buchenstöcke, welche als Relikte des ehemaligen Rotbuchenmischwaldes anzusehen sind.

Auch in der Heide und im Bürstlingrasen treffen wir hier alte Weidbuchen als Zeugen eines ehemaligen Rotbuchenmischwaldes.

Wollen wir den Ebereschenvorwald begünstigen, so müssen wir das Weidevieh von der Heidelbeer-Heide fernhalten, in welcher die Ebereschen aufkommen.

Eine andere Heidelbeer-Heide untersuchte ich am sehr schneereichen 20° geneigten Osthang des Baldenweger Buck im Feldberggebiet des südlichen Schwarzwaldes in 1450 m Seehöhe.

F l o r i s t i s c h e r   A u f b a u :

Aufnahme Nr.:	1	2
Vaccinium Myrtillus	5.5	1.2
Anthoxanthum odoratum	2.2	2.2

Aufnahme Nr.:	1	2
Luzula albida	2.2	+
Potentilla erecta	1.2	+
Gentiana lutea	1.1	+
Polygala serpyllifolia	1.1	+
Campanula Scheuchzeri	1.1	1.1
Leontodon helveticus	1.1	2.2
Campanula rotundifolia	1.1	+
Nardus stricta	+.2	5.5
Calluna vulgaris	+.2°	+.2°
Veronica officinalis	+	+.2
Arnica montana	+	+
Luzula silvatica	+	+
Gnaphalium norvegicum	+	+
Rumex arifolius	+	+
Potentilla aurea	+	+
Sorbus aucuparia	+	
Sorbus Aria	+	
Solidago Virgaurea	+	
Vaccinium Vitis-idaea	+.2	
Hieracium Lachenalii	+	
Meum athamanticum		2.2
Carex caryophyllea		1.1
Gnaphalium supinum		+.2
Hieracium Pilosella		+
Rumex Acetosella		+
Luzula multiflora		+

Diese Heidelbeer-Heide (Aufnahme Nr. 1) ist ein Waldverwüstungsstadium des heidelbeerreichen Fichtenwaldes, welcher vermutlich sekundär über einen Ebereschenvorwald, ehemals in der Heidelbeer-Heide aufgekommen ist und durch Weideraubwirtschaft zum Bürstlingrasen degradiert wird

(Piceetum myrtillosum [sorbetosum aucupariae] ↘ VACCINIETUM Myrtilli ↘ Nardetum).

Ein von unserer Heidelbeer-Heide umschlossener Bürstlingrasen zeigt den Aufbau der Aufnahme Nr. 2.

Aus dem floristischen Vergleich erfahren wir, daß in der Heidelbeer-Heide eine Reihe von hochwüchsigen Arten wachsen, welche durch die Weideraubwirtschaft zurückgedrängt wurden und im Bürstlingrasen nicht mehr erscheinen; so z. B. die Eberesche *(Sorbus aucuparia)*, der Mehlbeerbaum *(Sorbus Aria)*, *Solidago Virgaurea, Hieracium Lachenalii.* Dafür haben sich im Bürstlingrasen eine Reihe von Arten ausgebreitet, die in der Heidelbeer-Heide gar nicht vorkommen, z. B. *Meum athamanticum, Carex caryophyllea, Gnaphalium supinum, Hieracium Pilosella, Rumex Acetosella, Luzula multiflora.*

Bezeichnend für dieses schneereiche Nardetum ist

1. das Hervortreten von Arten schneereicher Örtlichkeiten, wie *Gnaphalium supinum, Polygala serpyllacea, Gentiana lutea, Luzula silvatica, Gnaphalium norvegicum;*

2. das Zurücktreten von Arten schneearmer Örtlichkeiten, wie anemophile Flechten und *Calluna vulgaris, Carex pilulifera, Antennaria dioica, Galium helveticum.*

Wirtschaftliche Folgerungen: Die Heidelbeer-Heiden windgeschützter Lagen sollen durch pflegliche Waldwirtschaft der Umgebung ihren Windschutz behalten und sollten über einen Ebereschen-Vorbau der Bewaldung zugeführt werden, da sie infolge der kurzen Vegetationszeit wegen der langen Schneelagerung ohnehin nicht zur Umwandlung in Weideboden geeignet sind.

Eine Heidelbeer-Heide konnte ich am Feldberg im südlichen Schwarzwald in 1440 m Seehöhe, umgeben von Fichtenwald, auf einem 15° geneigten Südhang untersuchen.

Floristischer Aufbau:

Vaccinium Myrtillus	5.5	*Solidago Virgaurea*	+
Luzula albida	3.2	*Galium hercynicum*	+
Melampyrum silvaticum	2.2	*Carex pilulifera*	+
Calluna vulgaris	1.2	*Agrostis tenuis*	+
Calamagrostis villosa	1.2	*Chrysanthemum Leucanthemum*	+
Poa Chaixii	1.1	*Rumex arifolius*	+
Arnica montana	1.1	*Nardus stricta*	+
Anthoxanthum odoratum	+	*Luzula silvatica*	+
Polygonatum verticillatum	+	*Campanula Scheuchzeri*	+
Potentilla erecta	+	*Campanula rotundifolia*	+
Senecio Fuchsii	+°	*Rubus idaeus*	+
Chamaenerion angustifolium	+		
Ranunculus aconitifolius	+	*Polytrichum formosum*	1.1
Sorbus aucuparia	+		

Aus diesem Aufbau, unterstützt durch vergleichende Untersuchungen, erfahren wir:

1. daß es sich um eine Kahlschlagfläche eines heidelbeerreichen schütteren Fichtenwaldes handelt (Piceetum myrtillosum ↘ VACCINIETUM Myrtilli); das Weidenröschen *(Chamaenerion angustifolium),* die Himbeere *(Rubus idaeus)* sind noch als Relikte der nitratreichen Kahlschlagvegetation aufzufassen;
2. daß dieser Heidelbeer-Bestand in Weideraubwirtschaft beweidet wird und sich zum Bürstlingrasen entwickeln wird, wenn diese Weideraubwirtschaft länger anhält; die Arten des Bürstlingrasens *Nardus stricta, Arnica montana, Carex pilulifera, Agrostis tenuis, Campanula Scheuchzeri, Campanula rotundifolia* würden sich in diesem Falle ausbreiten;
3. daß die Heidelbeer-Heide von der *Calluna*-Heide verdrängt werden würde, wenn der umgebende Fichten-Bestand weggeschlagen werden würde und der nun aufkommende Wind den Schneeschutz wegnehmen könnte. In diesem Falle würden die besonders schneeschutzbedürftigen Arten, wie *Senecio Fuchsii, Ranunculus aconitifolius, Rumex arifolius,* ihre Lebenskraft verlieren und zurückgehen.

Wir stellen daher unsere Heidelbeer-Heide zum Waldverwüstungsstadium des heidelbeerreichen Fichtenwaldes, welches sich durch die Weideraubwirtschaft zum Bürstlingrasen entwickeln würde

(Piceetum myrtillosum ↘ VACCINIETUM Myrtilli ↘ Nardetum).

Bei Abhieb des einschließenden Fichtenwaldes würde diese Waldverwüstung zum Bürstlingrasen über ein *Calluna*-Heide-Stadium erfolgen

(Piceetum myrtillosum ↘ Vaccinietum Myrtilli ↘ Callunetum nardosum ↘ Nardetum callunetosum).

Wirtschaftliche Folgerungen: Die Fragen der Ordnung von Wald und Weide und Beseitigung der Weideraubwirtschaft haben wir schon an anderer Stelle beschrieben.

Hier möchten wir insbesondere darauf verweisen, daß in diesem besonders windausgesetzten Gebiete jeder Großkahlschlag in sonniger Lage vermieden werden muß, weil sonst die Heidelbeer-Heide zur *Calluna*-Heide degradiert wird, welche sich um vieles schwerer bewaldet als die Heidelbeer-Heide.

Auch hier sollte man die Eberesche als Vorkultur verwenden.

Wir treffen aber nicht nur Heidelbeer-Heiden, welche durch Weideraubwirtschaft vom Bürstlingrasen abgebaut werden (VACCINIETUM Myrtilli ↘ Nardetum), sondern auch Heidelbeer-Heiden, welche nach Aufhören der Weideraubwirtschaft den Bürstlingrasen abbauen (Nardetum ↗ VACCINIETUM Myrtilli).

Eine *Fagus*-reiche Heidelbeer-Heide untersuchte ich in 1330 m Seehöhe im Herzogenhornkar im südlichen Schwarzwald auf ebenem Felsblockboden.

Floristischer Aufbau:

Vaccinium Myrtillus (0,5 m hoch)	4.5
Fagus silvatica (1,0 m hoch)	3.1
Thelypteris Oreopteris	1.2
Blechnum Spicant	1.2
Viola palustris	1.2
Athyrium alpestre	1.2
Melampyrum silvaticum	1.1
Rumex arifolius	1.1
Anemone nemorosa	1.1
Thelypteris Dryopteris	+.2
Homogyne alpina	+.2
Lysimachia nemorum	+
Galium hercynicum	+
Oxalis Acetosella	+
Veronica officinalis	+
Ajuga reptans	+
Listera cordata	+
Calamagrostis arundinacea	+

Moosschicht:

Rhytidiadelphus loreus	2.2
Plagiothecium undulatum	1.3
Polytrichum formosum	1.3
Dicranum scoparium	1.2
Plagiochila asplenioides	1.1
Pleurozium Schreberi	1.1
Sphagnum acutifolium	+.3

Aus vergleichenden Untersuchungen erfahren wir, daß diese Heidelbeer-Heide ein Waldverwüstungsstadium des heidelbeerreichen Fichtenwaldes ist, welcher im Begriffe ist, sich zum Rotbuchen-Tannen-Mischwald zu entwickeln (Piceetum fagetosum myrtillosum ↘ VACCINIETUM Myrtilli fagetosum ↗ Fagetum).

In dieser Heidelbeer-Heide treffen wir eine Reihe von Arten, welche für den Fichtenwald besonders charakteristisch sind, so z. B. *Melampyrum silvaticum, Blechnum Spicant, Listera cordata, Homogyne alpina, Rhytidiadelphus loreus, Plagiothecium undulatum.*

Ein angrenzender Fichtenwald zeigt folgenden floristischen Aufbau in 1345 m Seehöhe auf dem ebenen blockigen Boden des Herzogenhornkars:

Baumschicht:

Bestockung	0,6
Picea excelsa	0,9
Fagus silvatica	0,1

Strauchschicht:

Picea excelsa	+
Sorbus aucuparia	+

Niederwuchs:

Vaccinium Myrtillus	5.5
Listera cordata	2.3
Melampyrum silvaticum	1.2
Blechnum Spicant	1.2
Athyrium alpestre	1.2
Galium hercynicum	1.1
Luzula silvatica	+.3
Calamagrostis arundinacea	+.2
Thelypteris Oreopteris	+.2
Picea excelsa	+
Deschampsia flexuosa	+⁰
Oxalis Acetosella	+
Dryopteris austriaca	+
Sorbus aucuparia	+

Moosschicht:

Rhytidiadelphus loreus	3.3
Ptilium crista-castrensis	3.2
Pleurozium Schreberi	2.3
Polytrichum formosum	2.2
Plagiothecium undulatum	2.2
Dicranum scoparium	1.3
Sphagnum acutifolium	1.3
Bazzania trilobata	+.3
Hylocomium splendens	+

Bezeichnend für unsere Heidelbeer-Heide, beziehungsweise für den anschließenden Fichtenwald ist, daß diese Bestände wegen des grobblockigen Bodens nicht beweidet werden und daher weder einen Anteil von Arten des Bürstlingrasens noch Arten einer anderen Weidegesellschaft besitzen. Diesem Umstande ist es auch zuzuschreiben, daß sich die Rotbuche so ungestört entwickeln kann. Daraus erfahren wir, welchen hindernden Einfluß der ungeregelte Weidebetrieb für die Aufwärtsentwicklung des Waldes besitzt. In der Heidelbeer-Heide vom 10° geneigten Nordhang des Herzogenhorns treffen wir in 1410 m Seehöhe im beweideten Bestande eine ganze Reihe von Pflanzen an, die ihr Dasein dem Weideeinfluß verdanken, so z. B. *Leontodon helveticus, Potentilla erecta, Agrostis tenuis, Anthoxanthum odoratum, Leucorchis albida, Arnica montana, Luzula multiflora.*

Besonders interessant ist in diesem Heidelbeer-Bestande der Abbau der Heidelbeere. Der winterliche Schnee drückt die Wedel der Farne, insbesondere von *Athyrium alpestre,* nieder, damit verdrängt der Schnee die Heidelbeere und begünstigt das Aufkommen von krautigen Pflanzen, wie z. B. *Anemone nemorosa, Rumex arifolius.* Auch die übrige azidiphile Vegetation, insbesondere *Sphagnum acutifolium,* wird zurückgedrängt. Am längsten hält sich unter den Moosen das mehr oder weniger anspruchsvolle Kranzmoos *Rhytidiadelphus triquetrus.*

Wirtschaftliche Folgerungen: Wir haben erfahren, welchen großen Einfluß auf die Waldentwicklung die Weideraubwirtschaft ausübt. Niemals hätte sich die Rotbuche in diesem heidelbeerreichen Bestande verjüngen können, wenn er der Weideraubwirtschaft ausgesetzt wäre.

Wir sehen aber auch, welchen Weg auf diesem silikatischen Grobblockboden die Waldentwicklung nimmt. Wir könnten die Waldentwicklung zum Rotbuchen-Bergahorn-Tannen-Fichten-Mischwald durch Grünerlen- und Ebereschen-Voranbau wesentlich beschleunigen.

Eine Heidelbeer-Heide untersuchte ich auf einem 10° geneigten Nordhang in 1410 m Seehöhe unter dem Herzogenhorn im südlichen Schwarzwald.

Floristischer Aufbau:

Vaccinium Myrtillus	5.5	*Galium hercynicum*	+
Melampyrum silvaticum	2.2	*Viola silvestris*	+
Deschampsia flexuosa	2.2°	*Leucorchis albida*	+
Luzula silvatica	1.2	*Sorbus aucuparia*	+
Rumex arifolius	1.1	*Senecio Fuchsii*	+
Polygonum Bistorta	1.1	*Luzula multiflora*	+
Leontodon helveticus	1.1	*Prenanthes purpurea*	+°
Potentilla erecta	1.1	Moosschicht:	
Agrostis tenuis	1.1		
Anthoxanthum odoratum	1.1	*Rhytidiadelphus loreus*	1.2
Oxalis Acetosella	+.2	*Rhytidiadelphus triquetrus*	1.2
Thelypteris Oreopteris	+.2	*Pleurozium Schreberi*	1.2
Fagus silvatica	+.2	*Dicranum scoparium*	1.2
Athyrium alpestre	+	*Hylocomium splendens*	+.2
Luzula albida	+	*Polytrichum formosum*	+.2
Picea excelsa	+		

Horste des Scheiden-Wollgrases *(Eriophorum vaginatum)* halten sich als Reste im Moorheidelbeer-Bestand (Vaccinietum uliginosum turfosum). Bayrische Au in Oberösterreich.

Diese Heidelbeer-Heide ist ein Waldverwüstungsstadium eines heidelbeerreichen Fichtenwaldes, der vermutlich den Boden eines ehemaligen Buchenwaldes besiedelt hat, welch letzterer aber durch Kahlschlag, Weideraubwirtschaft und Bodenaushagerung zum Fichtenwald degradiert wurde und sich wieder über einen Ebereschen-Fichtenwald aufwärts entwickelt (Piceetum myrtillosum fagetosum ↘ VACCINIETUM Myrtilli ↗ Sorbeto-Piceetum).

Auch diese Heidelbeer-Heide wird ungeregelt beweidet und dadurch sind eine ganze Reihe waldfremder Arten des Bürstlingrasens in die Heidelbeer-Heide gekommen, z. B. *Leontodon helveticus, Potentilla erecta, Anthoxanthum odoratum, Leucorchis albida, Luzula multiflora.*

Die Beziehung zum Rotbuchenwald geht daraus hervor, daß in unserer Heidelbeer-Heide die Buche als Ausschlagholzart vertreten ist und daß eine ganze Reihe anspruchsvollerer Arten auftreten, z. B. *Rumex arifolius, Polygonum Bistorta, Viola silvestris.* Wenige Meter entfernt wächst in der Heidelbeer-Heide eine fünf Meter hohe Rotbuche, welche durch ihre Laubdüngung die Heidelbeer-Heide bereits völlig abgebaut hat. In diesem schon gekrümelten, milden Humusboden wachsen eine ganze Reihe anspruchsvoller krautiger Pflanzen, wie *Milium effusum, Anemone nemorosa, Stellaria nemorum, Cicerbita alpina, Prenanthes purpurea, Polygonatum verticillatum.*

Wenige Meter unterhalb zeigt der anschließende heidelbeerreiche Fichtenwald am 10° geneigten Nordhang in 1365 m Seehöhe folgenden Aufbau:

Baumschicht:

Bestockung	0,7
Picea excelsa	5.5

Strauchschicht:

Fagus silvatica	1.2

Niederwuchs:

Fichtenwaldarten:

Melampyrum silvaticum	1.1
Blechnum Spicant	1.3

Bodensaure Arten:

Vaccinium Myrtillus	5.5
Luzula silvatica	2.2
Deschampsia flexuosa	1.1
Oxalis Acetosella	+
Solidago Virgaurea	+
Luzula albida	+
Leontodon helveticus	+

Hochstauden:

Rumex arifolius	1.1
Calamagrostis arundinacea	+
Ranunculus aconitifolius	+
Polygonum Bistorta	+
Adenostyles Alliariae	$+^0$

Farne:

Thelypteris Oreopteris	2.2
Thelypteris Dryopteris	1.2
Athyrium alpestre	+.2
Dryopteris austriaca	+.2

Begleiter:

Sorbus aucuparia	+
Senecio Fuchsii	+

Moose:

Rhytidiadelphus loreus	5.5
Dicranum scoparium	1.2
Rhytidiadelphus triquetrus	1.2
Polytrichum formosum	1.2
Hylocomium splendens	+.2
Pleurozium Schreberi	+.2

Diese Aufnahme zeigt klar, daß wir es mit einem sekundären Fichtenwald zu tun haben, denn im Fichtenklimaxwald tritt die Rotbuche nicht so stark in der Strauchschicht hervor und die besonders anspruchsvollen Hochstauden und

Farne, *Rumex arifolius, Ranunculus aconitifolius, Polygonum Bistorta, Adenostyles Alliariae, Calamagrostis arundinacea, Athyrium alpestre,* die hier auftreten, fehlen dort.

Der Haushalt unserer Heidelbeer-Heide ist insbesondere dadurch gekennzeichnet, daß ihr Boden sehr bald zuschneit und sehr lange schneebedeckt bleibt. Diesem durch die lange Schneebedeckung bedingten Schneeschutz ist es zuzuschreiben, daß die Hochstauden und Farne auftreten und daß sich die Heidelbeer-Heide trotz offener, freier Lage hält, also nicht von der *Calluna*-Heide zurückgedrängt wird.

Wirtschaftliche Folgerungen: Die ungeregelt betriebene Weidewirtschaft verdichtet den Waldboden und verhindert die Waldentwicklung zum hochwertigen Rotbuchen-Tannen-Fichten-Mischwald.

Die Überführung dieses Heidelbeer-Bestandes in einen hochwertigen Weidebestand ist wegen der durch die lange Schneelagerung bedingten kurzen Vegetationszeit nicht zu empfehlen.

Die Wiederbewaldung würde über einen Grünerlenvorbau wesentlich begünstigt werden.

Eine Heidelbeer-Heide sehr schneereicher Lage untersuchte ich am 10° NO geneigten Hang des Stübenwasen im südlichen Schwarzwald in 1370 m Seehöhe.

Floristischer Aufbau:

Vaccinium Myrtillus	5.5	*Potentilla erecta*	+
		Polygonum Bistorta	+
Anthoxanthum odoratum	2.2	*Phyteuma spicatum*	+
Luzula silvatica	1.2	*Hieracium Lachenalii*	+
Galium hercynicum	1.2	*Potentilla aurea*	+
Nardus stricta	1.2	*Ranunculus aconitifolius*	+
Melampyrum silvaticum	1.1	*Leucorchis albida*	+
Sorbus aucuparia	1.1	*Solidago Virgaurea*	+
Luzula multiflora	1.1	*Athyrium Filix-femina*	+
Calamagrostis villosa	+.2	*Rumex alpinus*	+
Festuca rubra	+.2	*Rumex arifolius*	+
Salix appendiculata		*Poa Chaixii*	+
(= grandifolia)	+.2	*Picea excelsa*	+
Antennaria dioica	+.2	*Polygala serpyllifolia*	+
Deschampsia flexuosa	+.1		
Luzula albida	+	*Pleurozium Schreberi*	1.2
Campanula Scheuchzeri	+	*Dicranum scoparium*	1.2

Auch in dieser Heidelbeer-Heide treffen wir neben den Hochstauden *Polygonum Bistorta, Rumex arifolius, Phyteuma spicatum, Ranunculus aconitifolius* eine ganze Reihe von Arten des einziehenden Bürstlingrasens *(Nardus stricta, Leucorchis albida, Potentilla aurea, Luzula multiflora, Potentilla erecta).*

Auch hier tritt in der Heidelbeer-Heide die Eberesche *(Sorbus aucuparia)* auf. Wir können mit Sicherheit annehmen, daß bei Unterlassung der Weideraubwirtschaft, ausgehend vom Ebereschenvorwald, die Waldentwicklung über einen Fichtenwald zum Bergahorn-Fichten-Mischwald führen würde.

Damit stelle ich auch diesen Bestand zur Heidelbeer-Heide, welche ein Waldverwüstungsstadium des heidelbeerreichen Fichtenwaldes ist und in Weideraubwirtschaft zum Bürstlingrasen degradiert wird (Piceetum myrtillosum ↘ VACCINIETUM Myrtilli ↘ Nardetum), beziehungsweise sich bei pfleglicher Wirtschaft über einen Ebereschenvorwald wieder bewaldet (Piceetum myrtillosum ↘ VACCINIETUM Myrtilli ↗ Sorbetum aucupariae piceetosum).

Hierher gehört ein weiterer Heidelbeer-Bestand, welcher unter ähnlichen Umweltbedingungen am 5° geneigten Nordwesthang ober dem Stübenwasenkreuz im Feldberggebiete des südlichen Schwarzwaldes in 1360 m Seehöhe wächst und durch besonders hohe Schneelagerung ausgezeichnet ist.

Zum floristischen Vergleich habe ich einen benachbarten Fichtenwald (Nr. 1) und einen Ebereschenvorwald (Nr. 3) beigeschlossen. Die Anordnung von Nr. 1–3 erfolgte so, weil die Heidelbeer-Heide nach Abhieb des Fichtenwaldes aufgekommen ist und ein Ebereschenvorwald diese Heide abbaut.

Floristischer Aufbau:

	Piceetum	Vaccinietum myrt.	Sorbetum aucupariae
Aufnahme Nr.:	1	2	3
Seehöhe in Metern:	1360	1360	1360
Baumschicht:			
Sorbus aucuparia	0,2		0,8
Picea excelsa	0,8		0,2
Niederwuchs:			
Vaccinium Myrtillus	4.4	5.5	2.2
Sorbus aucuparia		2.2	+
Luzula silvatica	1.2	1.2	1.2
Melampyrum silvaticum		1.1	
Rumex arifolius		1.1	1.1
Prenanthes purpurea	+	1.1	
Thelypteris Dryopteris		1.1	
Deschampsia flexuosa		+.2°	
Ranunculus aconitifolius	+	+	+
Leontodon helveticus		+	
Campanula Scheuchzeri		+	
Adenostyles Alliariae		+	4.5
Senecio Fuchsii	1.1	+	+
Blechnum Spicant	+.2	+	+.2
Rubus idaeus		+	+
Athyrium alpestre	1.1	+	+
Picea excelsa		+	
Cicerbita alpina	+°	+	+
Oxalis Acetosella	1.2	+	2.2
Acer Pseudoplatanus		+	1.1
Pirola uniflora	+		
Phyteuma spicatum	+°		1.1
Dryopteris austriaca subsp. *spinulosa*	1.2		1.1
Poa Chaixii	+		

Aufnahme Nr.:	1	2	3
Seehöhe in Metern:	1360	1360	1360
Listera cordata	+.2		
Thelypteris Oreopteris	1.2		1.2
Senecio nemorensis ssp. *Jacquinianus*	+		1.1
Luzula albida	+	1.2	+.2
Ranunculus lanuginosus			1.1
Ajuga reptans			+
Solidago Virgaurea			+
Thelypteris Phegopteris			+
Moosschicht:			
Rhytidiadelphus loreus	5.5	4.4	2.3
Rhytidiadelphus triquetrus	1.3	1.2	1.3
Dicranum scoparium	1.3	1.3	1.3
Hylocomium splendens	1.2	2.2	
Plagiothecium undulatum	+.3		
Pleurozium Schreberi	+.2	1.3	
Polytrichum formosum		1.1	+
Plagiochila asplenioides		+	+

Wir erfahren aus dieser Gegenüberstellung, daß in der Heidelbeer-Heide die Eberesche hochkommt und der Boden so verbessert wird, daß die Heidelbeer-Heide zurückgeht und damit viele anspruchsvolle krautige Pflanzen hervortreten (*Adenostyles Alliariae, Ranunculus lanuginosus, Ajuga reptans, Phyteuma spicatum, Senecio nemorensis* ssp. *Jacquinianus*).

Bezeichnend für diese sehr schneereiche schattige Hanglage ist, daß die Waldentwicklung vorerst nicht zum Rotbuchenwald, sondern zum Bergahornwald führt.

Ich stelle unsere Heidelbeer-Heide im Sinne meiner Vegetationsentwicklungstypen zum

„Piceetum myrtillosum ↘ VACCINIETUM Myrtilli sorbetosum aucupariae ↗ Sorbetum aucupariae piceetosum".

Wirtschaftliche Folgerungen: Im Sinne der Ordnung von Wald und Weide ist es überhaupt unsinnig, einen so schneereichen schattigen Hang mit kurzer Vegetationszeit nach Abhieb des Fichtenwaldes der Beweidung zuzuführen.

Die Wiederbewaldung der heidelbeerreichen Kahlschlagfläche wird über eine Ebereschenvorkultur sehr begünstigt; denn die Eberesche durchwurzelt den Boden, durchlüftet ihn und trägt durch den reichlichen Bestandesabfall zur Vermehrung des Bodenlebens bei. An Stelle der Eberesche würde auch die Grünerle denselben Dienst leisten. Dies geht schon daraus hervor, daß die Grünerle in ihrem natürlichen Vorkommensgebiete der Alpen besonders die schneereichen Gebiete bevorzugt, in denen *Adenostyles Alliariae, Cicerbita alpina, Athyrium alpestre* lebenskräftig wachsen. Die Grünerlen-Bestände im Feldberggebiet des Schwarzwaldes scheinen ein uraltes Reliktvorkommen zu sein. Wird der hochstaudenreiche Ebereschenvorwald niedergeschlagen, so bleibt als Verwüstungsstadium eine Hochstaudenflur bestehen (Sorbetum aucupariae adenostyletosum Alliariae ↘ ADENOSTYLETUM Alliariae).

Daraus erfahren wir, wie eine windgeschützte, schneereiche, schattige Lage den Wasser- und Nährstoffhaushalt um vieles besser bewahrt als eine windausgesetzte, schneearme, sonnige Lage.

So wie die Heidelbeer-Heide eines windausgesetzten heidelbeerreichen Fichtenwaldes in sonniger Lage nach Abhieb des Holzbestandes in eine *Calluna*-Heide sich entwickelt, weil diese die windausgesetzte, schneearme, sonnige Lage um vieles besser ertragen kann als die Heidelbeer-Heide, genau so verlieren die Hochstauden eines hochstaudenreichen Fichtenwaldes in windausgesetzter, schneearmer, sonniger Lage ihre Lebenskraft und werden schließlich von der Heidelbeer-Heide und diese wieder von der *Calluna*-Heide zurückgedrängt.

In windgeschützter, schneereicher, schattiger Lage vermögen sich Heidelbeer-Heide und Hochstaudenflur auch nach Abhieb des Bestandes im Freistand zu erhalten, während sie in windausgesetzter, schneearmer, sonniger Lage von Pflanzen verdrängt werden, welche Schutz gegen den Wind und Schutz durch den Schnee weniger benötigen.

Eine hochstaudenreiche Heidelbeer-Heide konnte ich in 1270 m Seehöhe auf einem nach Osten geneigten Rücken am Schauinsland bei Freiburg im Breisgau in sehr schneereicher Lage untersuchen:

Floristischer Aufbau:

Aufnahme Nr.:	1	2
Vaccinium Myrtillus	5.5	1.2°
Luzula albida	2.2	
Rumex arifolius	2.1	
Thelypteris Dryopteris	1.2	
Festuca rubra	1.2	1.1
Deschampsia flexuosa	1.2	+
Nardus stricta	+.2	5.5
Luzula silvatica	+.2	
Thelypteris Oreopteris	+.2	
Potentilla erecta	+	1.2
Leontodon helveticus	+	+
Anthoxanthum odoratum	+	
Ranunculus aconitifolius	+	
Prenanthes purpurea	+	
Oxalis Acetosella	+	
Cicerbita alpina	+	
Anemone nemorosa	+	
Polygonum Bistorta	+	
Carex pallescens	+	
Melampyrum silvaticum	+	
Adenostyles Alliariae	+	
Agrostis tenuis		2.2
Antennaria dioica		1.2
Hieracium Pilosella		1.2
Sieglingia decumbens		1.2
Carex pilulifera		1.1
Campanula Scheuchzeri		+

Aufnahme Nr.:	1	2
Luzula multiflora		+
Veronica officinalis		+
Galium hercynicum		+
M o o s e :		
Rhytidiadelphus loreus	4.5	
Plagiothecium undulatum	1.3	
Dicranum scoparium	1.3	
Polytrichum formosum	1.2	+
Hylocomium splendens	1.2	

Diese Heidelbeer-Heide unterscheidet sich von vielen anderen Heidelbeer-Heiden durch den Besitz von vielen anspruchsvollen krautigen Pflanzen, wie *Rumex arifolius, Ranunculus aconitifolius, Prenanthes purpurea, Oxalis Acetosella, Cicerbita alpina, Polygonum Bistorta, Adenostyles Alliariae.*

Diese Heidelbeer-Heide ist ein Waldverwüstungsstadium eines heidelbeerreichen Fichtenwaldes; allerdings eines Fichtenwaldes, welcher in Beziehung zum hochstaudenreichen Rotbuchenwald steht.

Diese Heidelbeer-Heide wird ungeregelt beweidet und besitzt daher Beziehungen zum Bürstlingrasen. Für diese Beziehungen sind folgende Arten kennzeichnend: *Nardus stricta, Potentilla erecta, Carex pallescens.*

Ein unserem Heidelbeer-Bestand benachbarter Bürstlingrasen-Bestand zeigt einen Aufbau, wie ich ihn unter Nr. 2 hinausgestellt habe. Wir ersehen daraus, daß dieser Bürstlingrasen, der allerdings schon viel länger ungeregelt beweidet wird, alle anspruchsvollen Arten der Heidelbeer-Heide, insbesondere auch die für den heidelbeerreichen Fichtenwald so charakteristische Moosschicht, verloren hat, dafür aber die für den Bürstlingrasen so bezeichnenden Rohhumuspflanzen erhielt.

Wir haben also eine Heidelbeer-Heide vor uns, die ein Waldverwüstungsstadium eines mit dem hochstaudenreichen Rotbuchenwald in Beziehung stehenden Fichtenwaldes ist und durch ungeregelt betriebenen Weidebetrieb sich zum Bürstlingrasen entwickelt (Piceetum myrtilletosum altherbosum ↘ VACCINIETUM Myrtilli altherbosum ↘ Nardetum).

W i r t s c h a f t l i c h e   F o l g e r u n g e n : Wir ersehen aus dem floristischen Vergleich der Heidelbeer-Heide und des Bürstlingrasens, wie sehr durch den ungeregelten Weidebetrieb der Boden in seiner Güte herabgesetzt wird.

Wenn wir diesen Boden der geregelten Weidewirtschaft zuführen wollen, so empfiehlt es sich, sofort nach Kahlschlag des heidelbeerreichen Fichtenwaldes die Heidelbeere zu schwenden und den Boden zu düngen; also nicht erst zu warten, bis der nicht zu schlechte heidelbeer- und hochstaudenreiche Boden durch ungeregelt betriebene Weidewirtschaft sehr verschlechtert wird und seine Durchlüftung völlig verloren hat.

Soll die Heidelbeer-Heide wieder bewaldet werden, so ist die Bewaldung über eine Ebereschenvorkultur (Vaccinietum Myrtilli ↗ Sorbetum aucupariae myrtillosum ↗ Piceetum) oder eine Grünerlenvorkultur (Vaccinietum Myrtilli ↗ Alnetum viridis myrtillosum ↗ Piceetum) durchzuführen.

Eine solche Heidelbeer-Heide untersuchte ich am Nordhang der Gerlitzen bei Villach in Kärnten auf einem 20° geneigten Nordhang in 1740 m Seehöhe.

Floristischer Aufbau:

Vaccinium Myrtillus	5.5	*Listera cordata*	+
Homogyne alpina	2.2	*Luzula silvatica*	+
Lycopodium annotinum	2.2		
Deschampsia flexuosa	2.2⁰	Moosschicht:	
Vaccinium Vitis-idaea	1.1	*Pleurozium Schreberi*	3.3
Oxalis Acetosella	1.1	*Ptilium crista-castrensis*	2.4
Rhododendron ferrugineum	+.3	*Rhytidiadelphus triquetrus*	2.3
		Hylocomium splendens	2.3
Luzula flavescens	+	*Rhytidiadelphus loreus*	2.2
Melampyrum silvaticum	+	*Polytrichum formosum*	2.2
Dryopteris spinulosa	+	*Sphagnum acutifolium*	1.4
Picea excelsa	+	*Dicranum scoparium*	1.3
Thelypteris Dryopteris	+	*Plagiothecium undulatum*	+.4

Aus vergleichenden Untersuchungen erfahren wir, daß diese Heidelbeer-Heide durch Kleinkahlschlag (1 Ar) des heidelbeerreichen Fichtenwaldes entstanden ist und sich wieder zum Fichtenwald entwickelt (Piceetum myrtillosum ↘ VACCINIETUM Myrtilli ↗ Piceetum).

Wenn hier der Kahlschlag viel größer sein würde, z. B. ein Hektar, so würde die Heidelbeer-Heide zum Rhodoreto-Vaccinietum Myrtilli degradiert werden (Piceetum myrtillosum ↘ Vaccinietum Myrtilli ↘ RHODORETO-VACCINIETUM Myrtilli ↗ Laricetum). Die Wiederbewaldung würde aber bei einem Großkahlschlag nicht über einen Fichtenwald erfolgen, sondern über einen Lärchenwald, weil ja die Heidelbeer-Heide durch den Großkahlschlag zur Rostalpenrosen-Heide degradiert wurde.

Aus dem floristischen Aufbau unserer Heidelbeer-Heide ersehen wir, daß eine ganze Reihe von Charakterarten des Fichtenwaldes im Sinne der Charakterartenlehre hier auftreten, z. B.

Lycopodium annotinum,	*Listera cordata,*
Luzula flavescens,	*Ptilium crista-castrensis,*
Homogyne alpina,	*Rhytidiadelphus loreus,*
Melampyrum silvaticum,	*Plagiothecium undulatum.*

Der angrenzende Fichtenwald zeigt folgenden floristischen Aufbau:

Baumschicht:		Bodensaure Arten:	
Bestockung	0,9	*Oxalis Acetosella*	3.3
Larix decidua	0,2	*Deschampsia flexuosa*	1.1⁰
Picea excelsa	0,8	*Luzula albida*	+.2
		Vaccinium Myrtillus	+
Niederwuchs:			
Fichtenwaldarten:		*Thelypteris Dryopteris*	+
		Dryopteris austriaca	+
Lycopodium annotinum	1.2	Moosschicht:	
Listera cordata	1.1		
Luzula flavescens	1.1	*Hylocomium splendens*	4.5
Homogyne alpina	+	*Ptilium crista-castrensis*	3.4

Polytrichum formosum	2.2	*Rhytidiadelphus triquetrus*	+.2
Sphagnum acutifolium	1.3	*Plagiochila asplenioides*	+.2
Rhytidiadelphus loreus	1.3		
Pleurozium Schreberi	1.2		

Daraus ersehen wir, daß sich im geschlossenen Fichtenwald des Nordhanges die Heidelbeere nicht halten kann und sich der Sauerklee *(Oxalis Acetosella)* durchsetzt. Wird der Bestand gelichtet, so gewinnt die Heidelbeere Boden und drängt den Sauerklee zurück. Im lichtdurchflossenen Kahlschlag setzt sich die Rostalpenrose durch.

Schematische Darstellung dieser Vegetationsentwicklung bei Großkahlschlag:

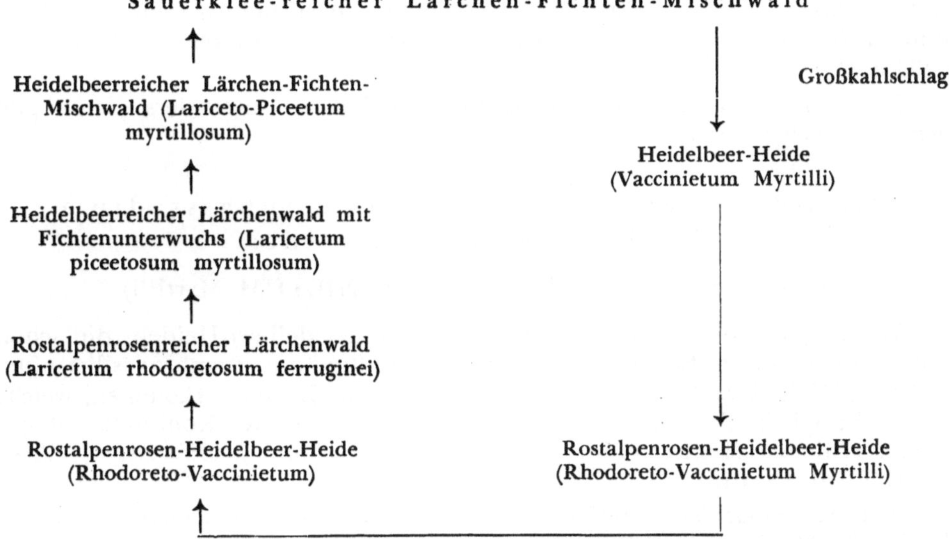

Wirtschaftliche Folgerungen: Wir haben erfahren, daß durch einen Großkahlschlag der sauerkleereiche Unterwuchs übergeht in einen Heidelbeer-Bestand und dieser in einen Rostalpenrosen-Bestand. Daraus müssen wir lernen, daß ein Großkahlschlag unter diesen Umweltbedingungen so rasch wie möglich aufgeforstet werden sollte. Vorerst geht es noch mit Fichte, später nur mehr mit Lärche und noch später, wenn sich schon dicke Rohhumuspolster gebildet haben und sich die Rostalpenrose durchgesetzt hat, wohl am besten mit Zirbe. Ja, der Aufforstung auf alter Kahlschlagfläche werden in diesem Falle so große Schwierigkeiten begegnen, daß wir durch eine Ebereschen-Vorkultur versuchen müssen, den Boden wieder zu verbessern, um dadurch die Aufbringung eines Lärchen-Fichtenwaldes zu erleichtern.

Hugo Osvald untersuchte am 13. September 1918 am Südhang des Horsö einen moosreichen Heidelbeer-Fichtenwald. Er stellt diesen Bestand zur *Picea excelsa - Vaccinium Myrtillus - Hylocomium parietinum-proliferum* - Ass.

Wird dieser Wald niedergeschlagen, so verbleibt eine Heidelbeer-Heide, die vermutlich infolge der sonnigen Lage von der *Calluna*-Heide abgebaut wird. Stimmt meine Vermutung, so wäre diese Heidelbeer-Heide im Sinne meiner Vegetationsentwicklungstypen zum „Piceetum myrtillosum hylocomiosum parietini-proliferi ↘ VACCINIETUM Myrtilli silicicolum ↘ (Callunetum)" zu stellen, während die Heidelbeer-Heide des Moorbodens auf Seite 85 zur Moorserie „VACCINIETUM Myrtilli turfosum" gestellt wurde.

Die Heidelbeer-Heide als Verwüstungsstadium des Lärchenwaldes

(Laricetum deciduae ↘ VACCINIETUM Myrtilli).

Diese Heidelbeer-Heiden treffen wir niemals auf Hochmoorböden, da der Lärche diese nicht zusagen; wir treffen sie vielmehr auf Böden, die schon ursprünglich sauer waren (Laricetum silicicolum ↘ VACCINIETUM Myrtilli) und auf Böden, die auf basischer Unterlage erst nachträglich eine saure Rohhumusauflageschicht erhielten (Laricetum calcicolum acidiferens ↘ VACCINIETUM Myrtilli).

Der Wasserhaushalt dieser Heidelbeer-Heiden ist besonders dann gut, wenn sie reich an Hochstauden sind.

Die Heidelbeer-Heide als Verwüstungsstadium des Lärchen-Zirbenwaldes

(Lariceto-Pinetum Cembrae ↘ VACCINIETUM Myrtilli).

Wir müssen hier unterscheiden zwischen Heidelbeer-Heiden, die schon ursprünglich sauren Boden besiedeln (Lariceto-Pinetum Cembrae silicicolum ↘ VACCINIETUM Myrtilli), und solchen, die auf Böden vorkommen, welche erst nachträglich über der basischen Unterlage eine saure Rohhumusauflageschicht erhielten (Lariceto-Pinetum Cembrae calcicolum acidiferens ↘ VACCINIETUM Myrtilli).

Auf Hochmoorböden treffen wir diese Heidelbeer-Heiden niemals an, weil die Lärche Moorböden nicht ertragen kann.

Die Heidelbeer-Heide als Verwüstungsstadium des Legföhren-Bestandes

(Pinetum Mugi ↘ VACCINIETUM Myrtilli).

Diese Heidelbeer-Heiden treffen wir meist in der oberen Laubwaldstufe und in der Nadelwaldstufe in schneereicher Lage auf Böden mit ungünstigerem Wasserhaushalt an.

Diese Heidelbeer-Heiden sind vielfach reich an verschiedenen Ericaceen und somit können wir diese trennen in

1. Ericeto carneae-VACCINIETUM Myrtilli auf sehr trockenen, basischen Böden in mehr oder weniger sonniger Lage.
2. Rhodoreto hirsuti-VACCINIETUM Myrtilli auf trockenen, basischen Böden in sehr schneereicher, meist schattiger Lage.

3. Rhodoreto ferruginei-VACCINIETUM Myrtilli auf sauren Rohhumusböden in sehr schneereicher Lage, und zwar
   a) auf Böden, die schon ursprünglich sauer waren (silicicolum), und
   b) auf Böden mit basischem Untergrund, welchem oberflächlich eine saure, den basischen Boden isolierende Rohhumusschicht auflagert (calcicolum acidiferens).

Neben diesen Ausbildungen finden wir auf Böden mit basischem Untergrund auch Heidelbeer-Heiden, in denen die Bastardalpenrose auftritt (Rhodoreto intermedii-VACCINIETUM Myrtilli calcicolum acidiferens).

Eine Heidelbeer-Heide konnte ich in 2150 m Seehöhe in einer mehr oder weniger windgeschützten, 15° SW geneigten Mulde neben einem Moorheidelbeer-Bestand auf ebenem Boden der Zunderwand ob Radenthein in Kärnten untersuchen.

Floristischer Aufbau:

Vaccinium Myrtillus	5.5	*Phyteuma orbiculare*	1.1
Vaccinium Vitis-idaea	2.2	*Selaginella selaginoides*	1.1
Luzula silvatica ssp. *Sieberi*	2.2	*Vaccinium uliginosum*	+.2
Erica carnea	1.2	*Myosotis alpestris*	+
Salix retusa	1.2	*Geranium silvaticum*	+
Homogyne discolor	1.2	*Potentilla aurea*	+
Trollius europaeus	1.2	*Veratrum album*	+
Viola biflora	1.1	*Bartschia alpina*	+
Soldanella alpina	1.1		
Anthoxanthum odoratum	1.1	*Rhytidiadelphus triquetrus*	1.2

Während auf der windausgesetzten Kanzel 25 Meter tiefer der bodensaure Latschenbestand zum *Vaccinium uliginosum*-Bestand degradiert wurde und dieser durch Weidetritt und erhöhte Winderosion zum Seslerieto-Sempervіretum-reichen *Erica carnea*-Bestand degradiert wird (Pinetum Mugi calcicolum acidiferens ↘ Vaccinietum uliginosi ↘ Ericetum carneae ↘ Seslerietum variae), ist unser Heidelbeer-Bestand (Vaccinietum Myrtilli) ebenfalls ein Waldverwüstungsstadium des bodensauren Latschenbestandes.

Infolge geringerer Windausgesetztheit und großen Schneeschutzes wurde er nur bis zur Heidelbeer-Heide degradiert und wird sich vermutlich wieder mit der Latsche bewalden. Diese Heidelbeer-Heide der windgeschützten, schneereichen Mulde stelle ich daher zum Pinetum Mugi calcicolum acidiferens ↘ VACCINIETUM Myrtilli salicetosum retusae ↗ Pinetum Mugi.

Die windgeschützte muldige Lage wird durch die Arten *Salix retusa* und *Homogyne discolor* gekennzeichnet.

Die düngende Wirkung der Weidenutzung wird durch die Arten *Veratrum album, Trollius europaeus* und *Geranium silvaticum* gekennzeichnet.

Wenn nun trotz der windgeschützten Lage einige basiphile Arten auftreten, wie z. B. *Erica carnea, Salix retusa, Homogyne discolor,* so ist dies schon dadurch verständlich, daß einige Latschenäste direkt auf dem Kalkboden aufliegen und nach deren Entfernung lokal ein von Rohhumus nicht überdeckter Kalkrohboden zutage tritt.

Dazu kommt, daß die 15° geneigte Mulde der erodierenden Wirkung des Regenwassers ausgesetzt ist und damit die offenen Bodenstellen nicht der Wind-, wohl aber der Wassererosion ausgesetzt sind.

Wirtschaftliche Folgerungen: Der Abhieb der obersten Latschenbestände und die Weideraubwirtschaft bringen der Weidewirtschaft keinen Erfolg, aber drücken die alpine Stufe in die Waldstufe herab. Daher sollte jeder Abhieb der Latschenbestände und die Weideraubwirtschaft unterbleiben.

II. Die Heidelbeer-Heiden basischer Böden,
VACCINIETUM Myrtilli calcicolum.

A. Die primären Heidelbeer-Heiden der basischen Böden
↗ VACCINIETUM Myrtilli calcicolum

Diese Heidelbeer-Heiden treffen wir sehr selten an.

Ein Beispiel einer solchen Heidelbeer-Heide konnte ich in 2140 m Seehöhe auf dem 20° geneigten Melitzen-Nordhang ob Radenthein in Kärnten untersuchen.

Floristischer Aufbau:

Vaccinium Myrtillus	4.5	*Selaginella selaginoides*	1.1
Vaccinium Vitis-idaea	2.2	*Bartschia alpina*	+.2
Arctous alpina	2.2	*Festuca pumila*	+.2
Rhododendron ferrugineum	1.2	*Polygonum viviparum*	+
Empetrum hermaphroditum	1.2	*Rhytidiadelphus triquetrus*	1.2
Carex firma	1.2	*Pleurozium Schreberi*	1.2
Dryas octopetala	1.2	*Dicranum scoparium*	1.2
Helianthemum alpestre	1.2	*Cetraria islandica*	1.2
		Cladonia rangiferina	+.2

Aus vergleichenden Untersuchungen vermute ich, daß hier die Heidelbeer-Heide im *Empetrum hermaphroditum*-reichen *Arctous alpina*-Bestand aufgekommen ist und vermutlich zum Rostalpenrosen-Heidelbeer-Bestand führt.

Stimmt diese Annahme, so wäre unsere Heidelbeer-Heide zum

„Arctoëtum alpinae ↗ VACCINIETUM Myrtilli ↗ Rhodoreto-Vaccinietum Myrtilli“

zu stellen.

Meine Vermutung begründe ich damit, daß die Rostalpenrosen-Heide in die Heidelbeer-Heide vordringt. Dies hängt vermutlich damit zusammen, daß die Rostalpenrose an die Höhe der sauren Rohhumusschicht erheblich größere Ansprüche stellt als die Heidelbeere.

Im vorliegenden Gelände bildet sich erst langsam eine, den darunter liegenden basischen Boden isolierende, aufliegende Rohhumusschicht und so vermag die Rostalpenrose nur langsam in die Heidelbeer-Heide vorzudringen.

B. Die sekundären Heidelbeer-Heiden der basischen Böden,

↘ VACCINIETUM Myrtilli calcicolum.

Eine Wimperalpenrosen-Heidelbeer-Heide untersuchte ich in 1800 m Seehöhe auf einem 15° geneigten Südhang im unteren Hochstuhlkar südlich der Bielschitza in den Karawanken.

Floristischer Aufbau:

Vaccinium Myrtillus	5.5
Vaccinium Vitis-idaea	2.3
Saxifraga cuneifolia	2.2
Lycopodium annotinum	2.2
Rhododendron hirsutum	2.2
Pinus Mugo	1.1
Luzula silvatica	1.1
Melampyrum silvaticum	1.1
Homogyne alpina	1.1
Lonicera coerulea	1.1
Gentiana pannonica	1.1
Rosa pendulina	1.1
Luzula albida	1.1
Salix appendiculata (= grandifolia)	1.1
Polygonatum verticillatum	+.2
Salix hastata	+.2
Calamagrostis villosa	+.2
Sorbus Chamaemespilus	+.2
Polystichum Lonchitis	+.2
Juniperus sibirica (= J. nana)	+.2
Deschampsia flexuosa	+.2
Picea excelsa	+

Moosschicht:

Rhytidiadelphus triquetrus	3.4
Hylocomium splendens	1.2
Pleurozium Schreberi	1.2
Dicranum scoparium	+.2
Plagiothecium undulatum	+.2

Dieser Heidelbeer-Bestand ist ein Waldverwüstungsstadium eines heidelbeerreichen Latschenbuschwaldes, welcher in überaus schneereicher Lage des unteren Hochstuhlkars den Kalkgrobblockboden besiedelt.

Infolge der schweren Zugänglichkeit dieses Gebietes kommt das Weidevieh nicht leicht heran und es fehlen daher die für beweidete Heidelbeer-Heiden typischen Arten. Der Abhieb dieser Latschenbestände erfolgte zur Brennholzgewinnung.

Wir ersehen aus diesem Aufbau, daß sicherlich wieder die Latsche aufkommen und die Heidelbeer-Heide besiedeln wird.

Ich stelle diesen Bestand zum

Pinetum Mugi calcicolum myrtillosum ↘ Rhodoreto hirsuti VACCINIETUM Myrtilli ↗ Pinetum Mugi.

Im Hinblick auf die Beziehung zum Wimperalpenrosen-Bestand ist es notwendig, die Artbezeichnung „hirsuti" hinzuzusetzen, schon allein, weil das Rhodoreto-Vaccinietum im Sinne der Charakterartenlehre Braun-Blanquet's immer *Rhododendron ferrugineum* meint.

Zum besseren Verständnis der Wimperalpenrosen-Heidelbeer-Heide bringe ich eine Aufnahme des benachbarten Latschenbuschwaldes, von dem ein Teil niedergeschlagen wurde.

Floristischer Aufbau:

Strauchschicht:

Pinus Mugo	5.5
Juniperus sibirica (= *J. nana*)	1.1
Lonicera coerulea	+
Rosa pendulina	+
Sorbus Chamaemespilus	+
Picea excelsa	+
Salix hastata	+
Salix appendiculata	+

Niederwuchs:

Vaccinium Myrtillus	5.5
Vaccinium Vitis-idaea	2.2
Oxalis Acetosella	2.1
Rhododendron hirsutum	1.1
Lycopodium annotinum	1.1
Listera cordata	1.1
Gentiana pannonica	1.1
Theiypteris Dryopteris	1.1
Calamagrostis villosa	+
Geranium silvaticum	+
Valeriana montana	+
Luzula silvatica	+
Homogyne alpina	+
Dryopteris Filix-mas	+
Saxifraga rotundifolia	+
Athyrium alpestre	+
Luzula albida	+
Polygonatum verticillatum	+

Moosschicht:

Rhytidiadelphus triquetrus	2.2
Cetraria islandica - platyphyllos	1.1
Hylocomium splendens	+.2

Die Wimperalpenrose kann sich so lange halten, solange sie Beziehung zum Kalkboden hat. Wenn im Verlauf der Bodenbildung sich eine sehr dicke saure Rohhumusschicht gebildet hat, dann wird die Beziehung immer geringer, bis schließlich die Wimperalpenrose als letzter Rest der bodenbasischen Vegetation auch das Feld räumen muß und Rostalpenrose und Heidelbeere im Latschenbuschwald an ihre Stelle treten.

Im folgenden bringen wir eine schematische Darstellung, aus der zu ersehen ist, zu welchen Heidegesellschaften die verschieden hoch entwickelten Latschenbuschwälder bei Abhieb degradiert werden.

In Latschenbeständen, in denen Wimperalpenrose und Rostalpenrose gemeinsam vorkommen, treffen wir meist auch den Bastard *Rhododendron intermedium.*

Schematische Darstellung der Verwüstung des Latschenbuschwaldes zu verschiedenen Heidegesellschaften.

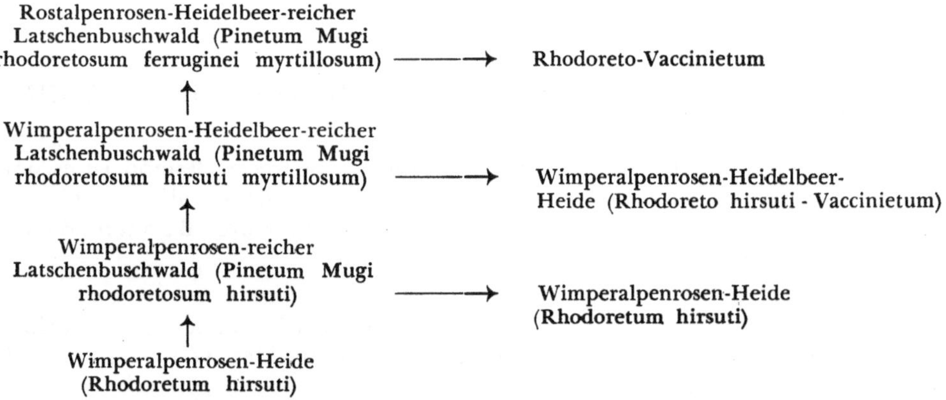

Die Waldentwicklung bleibt aber in diesem Hochstuhlkar nicht im Rostalpenrosen-heidelbeerreichen Latschenbuschwald stehen, sondern führt zum Grünerlenbuschwald. Diese Entwicklung habe ich auf Seite 79 ausführlich beschrieben.

Wirtschaftliche Folgerungen: Die natürliche Waldentwicklung führt, wie wir erfahren haben, vom bodenbasischen Legföhrenbusch zum bodensauren Legföhrenbuschwald und weiter zum Grünerlenbuschwald.

Diese Waldentwicklung können wir insoferne begünstigen, indem wir in den heidelbeerreichen Latschenbuschwald schon die Lärche und Zirbe einbringen; denn diese Holzarten können hier aufkommen, beschatten den Boden noch mehr und schaffen für die anspruchsvolleren Bäume günstige Lebensbedingungen.

Die Weiterentwicklung würde zweifellos zum Lärchen-Zirben-Fichtenwald führen.

Die Wimperalpenrosen-Heidelbeer-Heiden
(Rhodoreto hirsuti - VACCINIETUM Myrtilli).

Die Wimperalpenrosen-Heidelbeer-Heiden sind meist Waldverwüstungsstadien bodenbasischer Lärchen-, Zirben- oder Legföhrenwälder.

III. Die Heidelbeer-Heiden silikatisch-basischer Mischböden,
VACCINIETUM Myrtilli silicicolum calcicolum.

A. Die primären Heidelbeer-Heiden silikatisch-basischer Mischböden,
↗ VACCINIETUM Myrtilli silicicolum calcicolum.

Ich erwähne diese Heidelbeer-Heiden, weil wir sie da und dort antreffen, wo silikatisch-basische Mischböden zusammenkommen.

Diese besitzen aber in ihrem Areal eine so geringe Bedeutung, daß ich sie nicht näher bespreche.

Wir treffen sie vorwiegend in der subalpinen und unteren alpinen Stufe.

B. Die sekundären Heidelbeer-Heiden silikatisch-basischer Mischböden,
↘ VACCINIETUM Myrtilli silicicolum calcicolum sec.

Für diese Heidelbeer-Heiden gilt dasselbe wie für die oben erwähnten primären Heidelbeer-Heiden der Mischböden, doch treffen wir die sekundären Heidelbeer-Heiden nur in der Waldstufe an.

IV. Die Heidelbeer-Heiden der Zwischenmoore,
VACCINIETUM Myrtilli paludosum turfosum.

A. Die primären Heidelbeer-Heiden der Zwischenmoore,
↗ VACCINIETUM Myrtilli paludosum turfosum.

Diese Heidelbeer-Heiden habe ich wiederholt gesucht, habe sie aber niemals gefunden. Immer wieder, wenn ich glaubte, eine solche primäre Heidelbeer-Heide vor mir zu haben, kam ich bei näheren und vergleichenden Untersuchungen darauf, daß es sich im vorliegenden Fall um eine sekundäre Heidelbeer-Heide handelte.

H. Osvald bringt aber in seiner Komosse-Hochmoor-Arbeit die Aufnahme eines solchen Bestandes, den er zur Nackten *Vaccinium Myrtillus*-Heide stellt.

Floristischer Aufbau:

Vaccinium Myrtillus	4	*Empetrum nigrum*	1
Vaccinium Vitis-idaea	3	*Eriophorum vaginatum*	1
Rubus Chamaemorus	3		

Hiezu meint H. Osvald:

„Diese Heide ist eine von den *Rubus Chamaemorus*-reichen Assoziationen, die die Bäche entlang, und zwar hauptsächlich an ihrem oberen Laufe, auftreten. Sie wächst meistens auf den steilen Abhängen an den Seiten des Baches und auf überwachsenen Teilen von diesen, während sich die übrigen Pflanzengesellschaften dieser Kategorie näher bei der Wasserrinne und bei Trichtern halten."

B. Die sekundären Heidelbeer-Heiden der Zwischenmoore,

↘ VACCINIETUM Myrtilli paludosum turfosum.

Eine anmoorige Heidelbeer-Heide untersuchte ich auf 5° geneigtem Boden neben dem Herzogenhornkar im südlichen Schwarzwald in 1320 m Seehöhe.

Floristischer Aufbau:

Vaccinium Myrtillus	5.5	*Potentilla erecta*	+
Oxalis Acetosella	2.2	*Hieracium Lachenalii*	+
Homogyne alpina	1.2	*Veronica officinalis*	+
Thelypteris Oreopteris	1.2	*Luzula multiflora*	+
Deschampsia flexuosa	1.2	*Leontodon helveticus*	+
Viola palustris	1.1	*Agrostis tenuis*	+
Melampyrum silvaticum	1.1	*Galium hercynicum*	+
Blechnum Spicant	+.2	*Picea excelsa*	+
Nardus stricta	+.2	*Anthoxanthum odoratum*	+
Salix appendiculata (= S. grandifolia)	+.2	Moosschicht:	
Equisetum silvaticum	+	*Polytrichum formosum*	1.3
Lysimachia nemorum	+	*Plagiochila asplenioides*	1.1
Ajuga reptans	+	*Dicranum scoparium*	+.2
Orchis maculata	+	*Rhytidiadelphus triquetrus*	+.2
Arnica montana	+	*Hylocomium splendens*	+.2
Anemone nemorosa	+		

Aus vergleichenden Untersuchungen erfahren wir, daß diese anmoorige Heidelbeer-Heide ein Waldverwüstungsstadium eines zur Vermoorung neigenden heidelbeerreichen Fichtenwaldes ist und durch Weideraubwirtschaft zum

Bürstlingrasen degradiert wird (Piceetum turfosum myrtillosum ↘ VACCINIETUM Myrtilli ↘ Nardetum strictae).

Die Unterscheidungsarten der anmoorigen Ausbildung sind in diesem Heidelbeer-Bestande: *Viola palustris, Equisetum silvaticum, Lysimachia nemorum, Ajuga reptans, Orchis maculata.*

Die Unterscheidungsarten der Beziehung zum Bürstlingrasen sind: *Arnica montana, Anthoxanthum odoratum, Potentilla erecta, Luzula multiflora, Nardus stricta, Leontodon helveticus, Agrostis tenuis.*

Die Unterscheidungsarten der Beziehung zum heidelbeerreichen Fichtenwald sind: *Picea excelsa, Homogyne alpina, Melampyrum silvaticum, Blechnum Spicant.*

Ein benachbarter Bürstlingrasen, vom Fichtenwald umschlossen, zeigt in 1320 m Seehöhe auf 5° Ost geneigtem Hang folgenden floristischen Aufbau:

Nardus stricta	4.5	*Agrostis tenuis*	1.1
Homogyne alpina	3.2	*Anemone nemorosa*	+
Viola palustris	1.2	*Carex panicea*	+
Galium hercynicum	1.2	*Carex pilulifera*	+
Potentilla erecta	1.2	*Melampyrum silvaticum*	+
Vaccinium Myrtillus	1.2	*Pedicularis palustris*	+
Carex fusca	1.1	*Hieracium Lachenalii*	+
Carex pallescens	1.1	*Orchis maculata*	+
Leontodon helveticus	1.1	*Luzula silvatica*	+
Polygala amara	1.1		
Anthoxanthum odoratum	1.1	Moose:	
Luzula spadicea	1.1	*Rhytidiadelphus loreus*	+.2
Picea excelsa	1.1	*Sphagnum acutifolium*	+.2

Wir haben hier einen anmoorigen Bürstlingrasen vor uns, der durch Weideraubwirtschaft aus der anmoorigen Heidelbeer-Heide entstanden ist (Vaccinietum Myrtilli turfosum piceetosum ↘ NARDETUM).

Unterscheidungsarten des anmoorigen Nardetums sind hier: *Viola palustris, Carex fusca, C. pallescens, C. panicea, Orchis maculata, Pedicularis silvatica.*

Unterscheidungsarten für die Beziehung zum Piceetum sind hier: *Homogyne alpina, Melampyrum silvaticum, Rhytidiadelphus loreus.*

Wirtschaftliche Folgerungen: Aus den vergleichenden Untersuchungen haben wir erfahren, daß erst die Weideraubwirtschaft durch ihren wiederholten Betritt die Vermoorung dieses zur Vernässung neigenden Bodens begünstigt. Ein feuchter Badeschwamm, der oberflächlich fast trocken aussieht, wird oberflächlich sofort naß, wenn wir ihn zusammendrücken. Genau so muß ein feuchter Boden auch oberflächlich vernässen, wenn er durch den immerwährenden Weidetritt zusammengepreßt wird. Dabei dürfen wir nicht übersehen, daß der Betritt durch das Weidevieh sich umso mehr auswirkt, je ungünstiger die Bodenverhältnisse sind, weil das Weidevieh immer wieder herumsuchen muß, um die wenigen guten Gräser zu finden.

Unter allen Umständen müssen wir daher diese Weideraubwirtschaft abstellen, um schon auf diese Weise rein physikalisch der Vernässung entgegen zu wirken. Hört die Beweidung auf, dann verschwinden wieder langsam die Begleitpflanzen des Bürstlingrasens und der Boden verliert mit dem Aufkommen der geschlossenen Heidelbeer-Heide seine Vernässung. Der Bewaldung durch die Fichte steht dann nichts mehr im Wege. Wollen wir diesen Weg der Wiederbewaldung beschleunigen, so wird uns eine Vorkultur mit der Aschweide *(Salix cinerea)* wertvolle Dienste leisten.

Eine torfmoosreiche Heidelbeer-Heide untersuchte ich auf ebenem Boden im Herzogenhornkar im südlichen Schwarzwald in 1340 m Seehöhe.

Floristischer Aufbau:

Vaccinium Myrtillus	5.5
Majanthemum bifolium	2.1
Oxalis Acetosella	1.1
Blechnum Spicant	+.2
Thelypteris Oreopteris	+.2
Listera cordata	+
Orchis maculata	+
Anemone nemorosa	+
Melampyrum silvaticum	+
Calamagrostis arundinacea	+
Picea excelsa	+
Prenanthes purpurea	+
Viola palustris	+
Galium hercynicum	+
Potentilla erecta	+

Moosschicht:

Sphagnum acutifolium	5.5
Polytrichum commune	2.2
Rhytidiadelphus loreus	1.3
Dicranum scoparium	1.3
Rhytidiadelphus triquetrus	+.2
Hylocomium splendens	+.2

Auch diese anmoorige Heidelbeer-Heide ist ein Waldverwüstungsstadium des heidelbeerreichen Fichtenwaldes und ist im Begriffe, sich wieder zu bewalden (Piceetum myrtillosum turfosum ↘ VACCINIETUM Myrtilli sphagnosum ↗ Piceetum). Wird diese Heidelbeer-Heide durch ungeregelte Weidenutzung ausgeraubt, so entsteht daraus ein anmooriger Bürstlingrasen (Vaccinietum Myrtilli turfosum ↘ NARDETUM turfosum); ja es zeigt sich, daß eine ganze Reihe Pflanzen des anmoorigen Bodens sich zunehmend in muldigen Lagen einfinden, z. B. *Pinguicula vulgaris, Eriophorum latifolium, Carex canescens, C. fusca, C. stellulata, Agrostis canina, Juncus squarrosus, Pedicularis silvatica, P. palustris, Equisetum silvaticum, Drosera rotundifolia,* weil hier auch das Wasser der Einhänge, welches infolge der zunehmenden Bodenverdichtung nicht eindringen kann, in den Mulden zusammenrinnt und den anmoorigen Bürstlingrasen in eine Moorgesellschaft überführt.

Wirtschaftliche Folgerungen: Wir ersehen daraus, daß torfmoosreiche Heidelbeer-Heiden ihre Entstehung verschiedenen Umweltfaktoren verdanken und sich die anmoorigen, torfmoosreichen Heidelbeer-Heiden (Vaccinietum Myrtilli turfosum) ganz wesentlich von den torfmoosreichen Heidelbeer-Heiden unterscheiden, welche ihren Torfmoosreichtum z. B. dem durch Streunutzung sehr nährstoffarmen Boden und der schattigen luftfeuchten Nordlage verdanken.

Während wir den Torfmoosreichtum unserer anmoorigen Heidelbeer-Heide der unpfleglichen Weideraubwirtschaft zuzuschreiben haben und diesen durch Unterlassung der Weidenutzung beseitigen können, läßt sich der Torfmoosreichtum der schattig gelegenen, durch Streunutzung verursachten Heidelbeer-Heiden durch düngende Maßnahmen und pflegliche Wirtschaft wie Unterlassen der Streunutzung beseitigen.

Durch Voranbau der Eberesche werden wir die Überführung des anmoorigen luftarmen Bodens in einen guten milden Humusboden beschleunigen können.

V. Die Heidelbeer-Heiden der Hochmoorböden,

VACCINIETUM Myrtilli turfosum.

A. Die primären Heidelbeer-Heiden der Hochmoorböden,

↗ VACCINIETUM Myrtilli turfosum.

Auch diese Heidelbeer-Heide habe ich wiederholt gesucht; aber ich habe niemals eine gefunden.

H. Osvald hat bei seinen umfangreichen Studien im Hochmoorgebiet des Komossegebietes die moosreiche Heidelbeer-Heide seiner *Vaccinium Myrtillus - Hylocomium parietinum* - Assoziation auf Torfboden niemals beobachtet.

B. Die sekundären Heidelbeer-Heiden der Hochmoorböden,

↘ VACCINIETUM Myrtilli turfosum sec.

Hugo Osvald untersuchte am 13. Juli 1920 im Komossegebiet im oberen Teile des Hulbäckenlaufes einen heidelbeerreichen Fichtenwald, den er zur *Picea excelsa - Vaccinium Myrtillus - Hylocomium parietinum-proliferum* - Ass. stellt.

Dieser Fichtenwald war damals 10—12 m hoch und hatte folgenden floristischen Aufbau:

Baumschicht:		
Aufnahme Nr.	1	2
Picea excelsa	5	5
Strauchschicht (2 m hoch):		
Betula pubescens	1	1
Zwergstrauchschicht:		
Vaccinium Myrtillus	5	4
Vaccinium Vitis-idaea	3	2
Oxycoccus palustris	1	
Calluna vulgaris	1	1
Krautschicht:		
Melampyrum pratense	1	
Eriophorum vaginatum	1	
Deschampsia flexuosa		1

M o o s s c h i c h t :

Aufnahme Nr.	1	2
Pleurozium Schreberi	5	
Hylocomium splendens		4
Dicranum undulatum	1	1
Dicranum majus		1
Ptilium crista-castrensis		2
Polytrichum sp.		1

H. O s v a l d stellt zur selben *Picea excelsa - Vaccinium Myrtillus - Hylocomium parietinum-proliferum* - Ass. auch 2 heidelbeerreiche Fichtenwälder des Moränenbodens und bemerkt dazu: „Dieser Wald ist ein sehr schönes Beispiel dafür, daß eine Assoziation auf geologisch und ‚genetisch' ganz verschiedenen Standorten vorkommen kann".

Wenn auch seither 33 Jahre vergangen sind und H. O s v a l d diesen Satz heute nicht mehr schreiben würde, so möchte ich doch dazu kritisch Stellung nehmen, um meine Lehrmeinung besonders hinauszustellen.

Gerade dieses Beispiel beweist, daß trotz des herrschenden Hervortretens von *Picea excelsa* in der Baumschicht, *Vaccinium Myrtillus* in der Zwergstrauchschicht und *Hylocomium parietinum* (= *Pleurozium Schreberi*) in der Moosschicht wir zumindest zwei verschiedene Assoziationen vor uns haben.

Mit B r a u n - B l a n q u e t bin ich der Ansicht:

„Jede Assoziation zeichnet sich aus durch eine ganz bestimmte Artenzusammensetzung.

Jede Assoziation verdankt ihr Dasein dem Zusammenwirken ganz bestimmter Außenbedingungen; sie hat also ihren eigenen Lebenshaushalt, ihre eigene Ökologie.

Jede Assoziation verkörpert ferner in sich ganz bestimmte Entwicklungsmöglichkeiten.

Die Assoziation ist mithin dreifach charakterisiert: floristisch, d. h. durch ihre Artenliste, ökologisch, also durch die besonderen bedingenden Faktoren und genetisch, d. h. durch die ihr innewohnenden Entwicklungsmöglichkeiten.

Allenthalben unmittelbar faßbar sind nur die floristischen Charaktere."

Darum fasse ich zwar auch diese Gesellschaft physiognomisch-floristisch, indem ich sie zum

„Piceetum myrtillosum pleuroziosum Schreberi"

stelle.

Dann aber versuche ich diesen Bestand ökologisch und syngenetisch durch Differenzialarten zu untermauern.

In unserem Beispiel sind die beiden Arten *Oxycoccus palustris* und *Eriophorum vaginatum* Differenzialarten dafür, daß dieser Bestand einen Moorboden besiedelt und in syngenetischer Hinsicht nicht der Serie der Vegetationsentwicklung auf silikatischem Moränenboden, sondern einer Moorboden-Serie angehört.

In der menschlichen Soziologie müssen wir ja auch die Umwelt und den Entwicklungsstand mitberücksichtigen.

Der Begriff „Stadt" z. B. zeigt lediglich auf, daß es sich um eine größere Siedlung handelt. Und wenn wir auch in mehreren Städten gleiche Einrichtungen antreffen, wie z. B. Höhere Schulen, Verkehrseinrichtungen, Banken usw., so ist es volkswirtschaftlich doch entscheidend, daß sich die eine Stadt vom Fischerdorf zur Hafenstadt, die andere von einem kleinen Hammerwerk zur Industriestadt und schließlich wieder eine andere vom Bergdorf zur alpinen Fremdenverkehrsstadt entwickelt hat.

So wie wir nun in unserem Fichtenwald aus dem Auftreten von *Oxycoccus palustris* und *Eriophorum vaginatum* die Stellung in der Moorserie erkennen können, so werden wir auch in den vorhin aufgezeigten Städten die verschiedenen differenzierenden Einrichtungen kennen lernen, die uns den Hinweis geben, daß sich die eine Stadt am Meer befindet, die andere in den Bergen und die dritte eine industrielle Binnenstadt ist.

Und so wie unser heidelbeerreicher Fichtenwald nach Abhieb zur sekundären Heidelbeer-Heide des Moorbodens degradiert wird, so können z. B. kriegerische Ereignisse die Hafenstadt wieder zum armseligen Fischerdorf zurückführen. Die Industriestadt wird wieder zu ihren primitiven Methoden zurückkehren und die Fremdenverkehrsstadt wird, weil es ja keine Fremden geben wird und Not an Lebensmitteln herrschen wird, wieder zum Bergdorf zurückkehren und die Böden der landwirtschaftlichen Nutzung zuführen.

Darum müssen wir zur Erkenntnis kommen, daß gerade dieser *Picea excelsa - Vaccinium Myrtillus - Hylocomium parietinum-proliferum* - Wald ein schönes Beispiel dafür ist, daß eine Assoziation auf geologisch und „genetisch" ganz verschiedenen Standorten n i c h t vorkommen kann und daß wir insbesondere den Gang der Vegetationsentwicklung mitberücksichtigen müssen.

Wird unser Wald geschlagen, so bekommen wir als Waldverwüstungsstadium eine Heidelbeer-Heide, welche ich im Sinne meiner Vegetationsentwicklungstypen zum

„Piceetum myrtillosum hylocomiosum parietini ↘ VACCINIETUM Myrtilli turfosum ↗ (Betuletum pubescentis)"

stelle.

Ich vermute also, daß die Wiederbewaldung über einen Moorbirkenwald wieder zum Piceetum erfolgen würde.

Den Bestand der Aufnahme Nr. 2 vom Südhang Horsö hat H. O s v a l d am 13. September 1918 untersucht. Ich bespreche die Heidelbeer-Heide dieses Fichtenwaldes auf Seite 75 dieser Arbeit.

Auf Hochmoorböden treffen wir diese Heidelbeer-Heiden immer wieder an.

Wird z. B. ein heidelbeerreicher Fichten-Hochmoorwald geschlagen, so verbleibt zunächst eine Heidelbeer-Heide als Waldverwüstungsstadium. Diese hält sich aber auf dem Hochmoorboden nicht lange, sondern wird weiter im Sinne der folgenden schematischen Darstellung zur Moorheidelbeer-Heide degradiert.

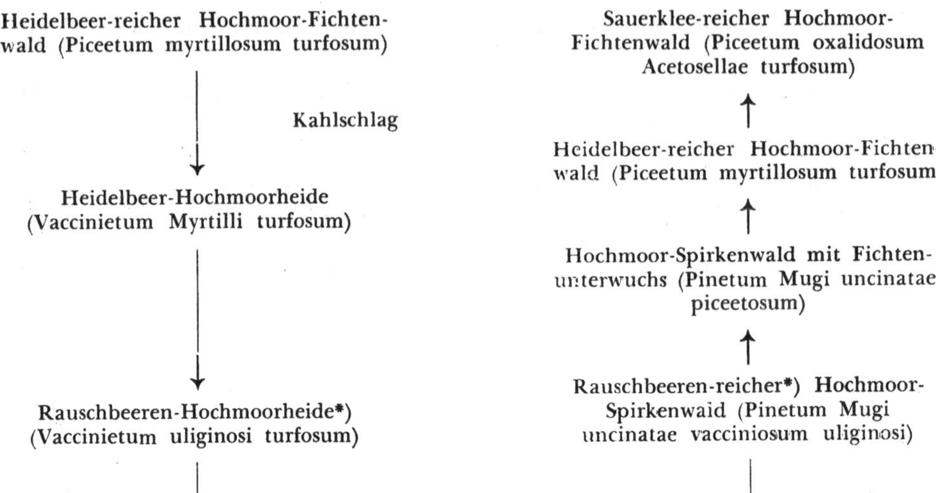

Es ist verständlich, daß es nach Kahlschlag immer wieder zum moorheidelbeerreichen Spirkenwald kommt, denn Fichte und Heidelbeere vermögen diesen sauren Hochmoorboden im Freistand nicht zu besiedeln.

Einen solchen heidelbeerreichen Fichten-Hochmoorwald untersuchte ich im Spirkenwaldgebiet in der Bayerischen Au in Oberösterreich an der tschechischen Grenze und fand folgenden floristischen Aufbau:

Baumschicht:

Picea excelsa	0,8
Pinus silvestris	0,1
Pinus Mugo ssp. *uliginosa*	+
Betula pubescens	+

Niederwuchs:

Vaccinium Myrtillus	5.5
Vaccinium Vitis-idaea	1.2
Picea excelsa	1.1
Vaccinium uliginosum	+.2
Oxalis Acetosella	+.2
Calamagrostis villosa	+
Trientalis europaea	+

Moosschicht:

Sphagnum	4.5
Polytrichum commune	1.2
Polytrichum formosum	1.2
Dicranum scoparium	1.2
Hylocomium splendens	+

Wird dieser heidelbeerreiche Fichtenwald kahlgeschlagen, so geht die zurückbleibende Heidelbeer-Heide in eine Moorheidelbeer-Heide über: Piceetum myrtillosum turfosum ↘ VACCINIETUM Myrtilli turfosum ↘ Vaccinietum uliginosi turfosum.

In dieser Moorheidelbeer-Heide kann sich aber vorerst nicht die Fichte verjüngen, sondern die Moorföhre. Diese kommt hoch und leitet die Vegetationsentwicklung zum Fichtenwald ein.

Ein solcher 5 m hoher Moorföhrenjungwald hat hier folgenden floristischen Aufbau:

*) Rauschbeere = Moorheidelbeere (*Vaccinium uliginosum* L.).

Baumschicht:		Eriophorum vaginatum	1.1
Pinus Mugo subsp. *uncinata*	0,8	*Andromeda polifolia*	1.1
		Molinia coerulea	+
Niederwuchs:		*Rhamnus Frangula*	+
Vaccinium uliginosum	5.5	Moosschicht:	
Vaccinium Vitis-idaea	3.2	*Pleurozium Schreberi*	4.5
Vaccinium Myrtillus	2.2	*Sphagnum*	3.4
Calluna vulgaris	1.2	*Polytrichum commune*	1.1
Vaccinium Oxycoccos	1.1	*Cladonia rangiferina*	1.1

Wir haben also einen Spirken-Hochmoorwald vor uns, der in der Hochmoor-Rauschbeeren-Heide aufgekommen ist und sich früher oder später zum Fichten-Hochmoorwald entwickeln würde (Vaccinietum uliginosi ↗ PINETUM Mugi uncinatae turfosum ↗ Piceetum).

Wirtschaftliche Folgerungen: Jeder Kahlschlag im Gelände des Hochmoores führt zur Bodenverschlechterung. Darum sollte im Hochmoorgebiete jeder Kahlschlag vermieden werden.

Dieser Bodenverschlechterung ist es zuzuschreiben, daß nach Abtrieb der heidelbeerreichen Fichtenwälder auf der Kahlfläche die Heidelbeer-Heide von der Moorheidelbeer-Heide zurückgedrängt wird und sich an Stelle der Fichte die Moorföhre verjüngt. Neben dieser *(Pinus Mugo* ssp. *uliginosa)* könnte auch die Spirke *(Pinus uncinata)* und die Moorbirke *(Betula pubescens)* aufgebracht werden.

Im Verbreitungsgebiet der Moorheidelbeere befindet sich der Wald an seiner Existenzgrenze und sollte daher so pfleglich wie möglich bewirtschaftet werden.

Die Heidelbeer-Heide als Verwüstungsstadium des Moorbirkenwaldes,

Betuletum pubescentis ↘ VACCINIETUM Myrtilli.

Diese Heidelbeer-Heiden treffen wir besonders auf Moorböden und in den nordischen Ländern an, wo in schneereichen Lagen die heidelbeerreichen Moorbirkenwälder niedergeschlagen werden.

So beschrieb Hugo Osvald in seiner „Vegetation des Hochmoores Komosse" einen heidelbeerreichen Moorbirkenwald beim Björnsjö auf seichtem Torf und fand folgenden floristischen Aufbau:

Die Zahlen in den floristischen Aufnahmen Hugo Osvalds bedeuten:

5 = deckenbildend, 3 = zerstreut vorkommend, 1 = vereinzelt vorkommend.
4 = reichlich vorkommend, 2 = spärlich vorkommend,

Betula alba (= pubescens)	4	*Empetrum nigrum*	1
Vaccinium Myrtillus	4	*Vaccinium Vitis-idaea*	1
Vaccinium uliginosum	3	*Melampyrum pratense*	1
Rubus Chamaemorus	3	*Eriophorum vaginatum*	1
Calluna vulgaris	1		

Wird nun ein solcher anmooriger heidelbeerreicher Birkenwald niedergeschlagen, so breitet sich die Heidelbeer-Heide als Verwüstungsstadium aus. Durch die Freistellung verliert diese allerdings ihre Lebenskraft und wird durch die Moorheidelbeer-Heide zurückgedrängt.

Im Sinne meines syngenetischen Systems stelle ich damit diese Heidelbeer-Heide zum

Betuletum pubescentis turfosum myrtillosum ↘ VACCINIETUM Myrtilli vacciniosum uliginosi ↘ Vaccinietum uliginosi rubosum Chamaemori.

Als kennzeichnende Arten der besonderen anmoorigen Ausbildung stelle ich hinaus: *Rubus Chamaemorus* und *Eriophorum vaginatum.*

Einen anderen heidelbeerreichen Moorbirkenwald beschrieb Hugo Osvald nördlich von Stallkilsmaden am Rande des Moores. Dieser hatte folgenden floristischen Aufbau:

Betula alba (= pubescens)	5	*Deschampsia flexuosa*	1
		Molinia coerulea	1
Vaccinium Myrtillus	4		
Vaccinium Vitis-idaea	3	*Blepharozia ciliaris*	1
Vaccinium uliginosum	1	*Dicranum scoparium*	1
Agrostis tenuis	1	*Kantia Trichomanis*	1
Carex Goodenovii (= fusca)	1	*Plagiothecium denticulatum*	1

Dieser heidelbeerreiche Moorbirkenwald besiedelt einen Bruchwaldboden, der viel viel weniger moorig ist als der vorherige. Wird nun dieser Moorbirkenwald niedergeschlagen, so verbleibt eine Heidelbeer-Heide als Verwüstungsstadium, die ich im Sinne meines Systems zum Betuletum pubescentis paludosum myrtillosum ↘ VACCINIETUM Myrtilli ↘ Vaccinietum Vitis-idaeae stelle. Durch Freistellung wird die Heidelbeer-Heide von der Preißelbeer-Heide zurückgedrängt.

Schließlich untersuchte Hugo Osvald einen heidelbeerreichen Moorbirkenwald auf Moränenböden bei Strömmö und fand folgenden floristischen Aufbau:

Betula alba (= pubescens)	5	Moosschicht:	
Vaccinium Myrtillus	5	*Dicranum undulatum*	1
Vaccinium Vitis-idaea	1	*Hylocomium parietinum*	1
Pteridium aquilinum	1	*Hylocomium splendens*	1
Majanthemum bifolium	1		
Deschampsia flexuosa	1		

Wird dieser heidelbeerreiche Moorbirkenwald niedergeschlagen, so verbleibt eine Heidelbeer-Heide, welche durch die Freistellung meist in eine Preißelbeer-Zwergstrauch-Heide übergeht.

(Betuletum pubescentis silicicolum myrtillosum ↘ VACCINIETUM Myrtilli ↘ Vaccinietum Vitis-idaeae.)

Wir ersehen aus diesen Aufnahmen, daß auch die Heidelbeer-Heiden, welche Verwüstungsstadien des heidelbeerreichen Moorbirkenwaldes sind, nicht gleichwertig sind, und daß wir hier unterscheiden müssen:

1. die Heidelbeer-Heiden des Moorbodens

   Betuletum pubescentis turfosum ↘ VACCINIETUM Myrtilli,

2. die Heidelbeer-Heiden des Bruchwaldbodens
   Betuletum pubescentis paludosum ↘ VACCINIETUM Myrtilli,
3. die Heidelbeer-Heiden des silikatischen Moränenbodens
   Betuletum pubescentis silicicolum ↘ VACCINIETUM Myrtilli.

Neben diesen moosarmen Moorbirkenwäldern, welche Hugo Osvald zu den nackten Heidelbeer-Birkenwäldern stellt, unterscheidet er auch noch moosreiche Heidelbeer-Birkenwälder. Diese treten im Hochmoorgebiet des Komosse am liebsten auf etwas nahrungsreicherer Moräne von frischer Beschaffenheit auf.

In diesen Wäldern kommen meist konstant vor: *Betula pubescens, Vaccinium Myrtillus, Vaccinium Vitis-idaea, Hylocomium splendens (= H. proliferum), Pleurozium Schreberi (= Hylocomium parietinum), Polytrichum commune.*

Eine Heidelbeer-Heide des Moorbodens konnte ich am Hinterzartner Hochmoor im südlichen Schwarzwald in 900 m Seehöhe untersuchen.

Floristischer Aufbau:

Vaccinium Myrtillus	4.5
Vaccinium uliginosum	2.2
Vaccinium Vitis-idaea	1.2
Calluna vulgaris	1.2°
Salix cinerea	1.2
Sorbus aucuparia	1.2
Betula pubescens	1.1
Rhamnus Frangula	1.1
Melampyrum silvaticum	+.2
Molinia coerulea	+.2
Deschampsia flexuosa	+.2
Pinus Mugo arborea	+.2
Eriophorum vaginatum	+.2
Andromeda polifolia	+.2

Moosschicht:

Hylocomium splendens	5.5
Pleurozium Schreberi	2.4
Rhytidiadelphus triquetrus	1.3
Dicranum scoparium	1.3
Polytrichum formosum	1.2°
Sphagnum acutifolium	+.3

Durch waldgeschichtliche Untersuchungen erfahren wir, daß diese Hochmoor-Heidelbeer-Heide des Hinterzartner Moores ein Waldverwüstungsstadium des heidelbeerreichen Spirken-Moorbirken-Fichten-Mischwaldes ist und durch die Freistellung in einen Bestand der Moorheidelbeere übergeführt wird = Pinetum Mugi arboreae turfosum myrtillosum ↘ VACCINIETUM Myrtilli ↘ Vaccinietum uliginosi.

Als Unterscheidungsarten der Hochmoor-Heidelbeer-Heide treten hier auf: *Molinia coerulea, Andromeda polifolia, Eriophorum vaginatum.*

Dieser erst vor wenigen Jahren durch Kahlschlag des Bergkiefernwaldes entstandene Heidelbeer-Bestand zeigt jetzt schon die ersten Anzeichen der Degradation zum Moorheidelbeer-Bestand.

Die Heidelbeere ist trotz ihres herrschenden Hervortretens wenig lebenskräftig, während die Moorheidelbeere lebenskräftig im Vordringen begriffen ist.

Allerdings wird die Moorheidelbeer-Heide nicht immer herrschend bleiben, denn wir erfahren aus vergleichenden Untersuchungen, daß in der Moorheidelbeer-Heide alle möglichen Sträucher und auch die Bergkiefer aufkommen, die

Moorheidelbeere beschatten und damit weiter der Heidelbeere bessere Lebensbedingungen bieten, z. B. Vaccinietum Myrtilli ↘ Vaccinietum uliginosi ↗ Pinetum Mugi arboreae myrtillosum.

Schon in unserem Heidelbeer-Bestand treffen wir eine Reihe von Holzgewächsen an, welche lebenskräftig aufkommen wie *Rhamnus Frangula, Salix cinerea, Betula pubescens, Sorbus aucuparia, Pinus Mugo arborea.*

Würden wir diese Wiederbewaldung durch Abhieb der aufkommenden Sträucher und Baumarten unterbinden, so würden wir zweifellos den Moorheidelbeer-Bestand zur Moor-*Calluna*-Heide degradieren.

Wirtschaftliche Folgerungen: Unsere Heidelbeer-Heide zeigt schon eine Reihe anspruchsvollerer Arten wie in der Moosschicht *Rhytidiadelphus triquetrus,* d. h. der Bodenzustand ist eigentlich schon so gut, daß im Zuge der natürlichen Bewaldung durch die Bergkiefer die Fichte im Unterwuchs aufkommen könnte.

Daher sollten wir diese natürliche Waldentwicklung nicht stören, sondern im Gegenteil das Aufkommen einer reichlichen Strauchschicht begünstigen.

Wir dürfen nicht vergessen, daß die Degradation vom Heidelbeer-Bestand zur Moorheidelbeer-Heide und weiter zur *Calluna*-Heide ein Ausdruck für die Bodenverschlechterung, insbesondere des Wasserhaushaltes, ist. Daher müssen wir den Boden so pfleglich wie möglich bewirtschaften und das Aufkommen einer reichlichen Strauchschicht mit allen Mitteln fördern.

Die Heidelbeer-Heide als Verwüstungsstadium des Spirkenwaldes

(Pinetum Mugi arboreae ↘ VACCINIETUM Myrtilli).

Diese Heidelbeer-Heiden kommen ebenfalls auf verschiedenen Böden vor:

1. auf mehr oder weniger trockenen Böden, die schon ursprünglich sauer waren (Pinetum Mugi arboreae silicicolum ↘ VACCINIETUM Myrtilli);
2. auf mehr oder weniger trockenen Böden, die auf ursprünglich basischer Unterlage eine saure Rohhumusschicht aufgelagert erhielten (Pinetum Mugi arboreae calcicolum acidiferens ↘ VACCINIETUM Myrtilli);
3. auf Hochmoorböden (Pinetum Mugi arboreae turfosum ↘ VACCINIETUM Myrtilli).

Diese Heidelbeer-Heiden als Verwüstungsstadien verschiedener Spirkenwälder treffen wir hauptsächlichst in den Westalpen.

Hochmoor-Spirkenwälder und damit auch Heidelbeer-Heiden dieser Spirkenwälder treffen wir auch in östlichen Gebieten, z. B. im Waldviertel, in den oberösterreichischen Hochmooren, in der Moldauniederung und auch im Schwarzwald.

Aus dieser Betrachtung erfahren wir, wie wichtig es ist, innerhalb der Heidelbeer-Heiden, welche Beziehungen zu den Spirkenwäldern haben, die verschiedenen Ausbildungen zu unterscheiden.

Wir werden die Heidelbeer-Heiden der Hochmoorböden mit Moorbirken, diejenigen der mehr oder weniger trockenen Rohhumusböden mit Ebereschen als Vorwald bepflanzen, um den Rohhumusboden teilweise abzubauen und die Voraussetzung zum Aufbau eines hochwertigen Waldes zu erhalten.

Die Heidelbeer-Heiden sind, wie wir erfahren haben, meist Waldverwüstungsstadien.

Je nach den Umweltbedingungen verbleiben sie entweder längere Zeit oder werden von anderen genügsameren Zwergstrauch-Heiden oder Rasengesellschaften abgebaut.

Im nachfolgenden bringe ich Beispiele von Heidelbeer-Heiden, die sich zur *Calluna*-Heide, zur *Vaccinium uliginosum-*, zur *Loiseleuria procumbens*-Heide und zum Bürstlingrasen entwickeln.

Die Heidelbeer-Heide, welche von der *Calluna*-Heide abgebaut wird

(VACCINIETUM Myrtilli ↘ Callunetum vulgaris).

Die Heidelbeer-Heide liebt Waldesschatten oder lokalklimatisch begünstigte Örtlichkeiten.

Wird z. B. ein heidelbeerreicher Rotföhren-Fichten-Mischwald in sonniger schneearmer Lage niedergeschlagen, so vermag die nun plötzlich freigestellte Heidelbeer-Heide die Umweltbedingungen nicht mehr zu ertragen, verliert ihre Lebenskraft und wird von der *Calluna*-Heide zurückgedrängt, welche die sonnige, offene, wenig schneegeschützte Lage viel besser ertragen kann als die Heidelbeer-Heide.

Eine solche Heidelbeer-Heide gehört nun im Sinne meiner Vegetationsentwicklungstypen zum Pineto silvestris - Piceetum myrtillosum ↘ VACCINIETUM Myrtilli ↘ Callunetum. In der *Calluna*-Heide würde die Rotföhre sekundär aufkommen.

Anders verhält sich die Heidelbeer-Heide in schattiger, schneereicher Lage. Wird hier ein heidelbeerreicher Rotföhren-Fichten-Mischwald niedergeschlagen, so wird die Heidelbeer-Heide nicht von der *Calluna*-Heide zurückgedrängt, sondern sie vermag sich zu halten, weil der luftfeuchtere, schattigere, schneereiche Hang die Wasserverdunstung der Heidelbeere herabsetzt und die winterliche Schneebedeckung sie vor Frosteinwirkungen schützt. Eine solche Heidelbeer-Heide würde der Rotföhre und der Fichte günstige Lebensbedingungen bieten und wäre im Sinne der Vegetationsentwicklungstypen zu stellen zum

Pineto silvestris - Piceetum myrtillosum ↘ VACCINIETUM Myrtilli ↗ Piceetum.

Es verhält sich also die *Calluna*-Heide zur Heidelbeer-Heide im Hinblick auf den Wasserhaushalt ähnlich wie die Rotföhre zur Fichte.

Während sich z. B. da und dort in sonniger schneearmer Lage auf mehr oder weniger trockenen sauren Böden der warmen unteren Laubwaldstufe die Fichte nur im Schattenschutz der Rotföhre entwickeln kann und sie nach Kahlschlag von der Rotföhre ebenso zurückgedrängt wird wie die Heidelbeer-Heide von der *Calluna*-Heide, vermag sich die Fichte nach Kahlschlag des Bestandes in schattiger Lage ebenso zu halten und wird nicht von der Rotföhre zurückgedrängt wie die Heidelbeer-Heide.

Die Heidelbeer-Heide, welche von der Krähenbeer-Heide abgebaut wird

(VACCINIETUM Myrtilli ↘ Empetretum hermaphroditi).

Diese Heidelbeer-Heiden treffen wir in den Alpen nur in der Nadelwaldstufe.

Wird z. B. ein heidelbeerreicher Latschenbestand in nicht zu windoffener, aber auch nicht zu schneereicher Lage niedergeschlagen, so verliert die Heidelbeer-Heide infolge zu windoffener Lage und mangelnden Schneeschutzes ihre Lebenskraft und wird da und dort von der Krähenbeere zurückgedrängt. Während die Heidelbeere in sehr windgeschützter schneereicher Lage hinreichenden Schneeschutz findet und auch dann bleibt, wenn die Latschen niedergeschlagen werden, wird sie da und dort in sehr windausgesetzter schneearmer Lage von der Gemsheidegesellschaft zurückgedrängt.

Eine Heidelbeer-Heide, welche ein Verwüstungsstadium eines heidelbeerreichen Latschenbestandes ist und zur Krähenbeer-Heide degradiert wird, stelle ich zum

Pinetum Mugi myrtillosum ↘ VACCINIETUM Myrtilli ↘ Empetretum hermaphroditi.

Die Heidelbeer-Heide, die von der Moorheidelbeer-Heide abgebaut wird

(VACCINIETUM Myrtilli ↘ Vaccinietum uliginosi)

Diese Heidelbeer-Heiden treffen wir auf trockenen silikatischen Böden ebenso wie auf Hochmoorböden.

Auf trockenen silikatischen Böden besonders in windausgesetzter sonniger Lage, wenn ein heidelbeerreicher Wald niedergeschlagen wird.

Wird z. B. ein heidelbeerreicher Lärchenwald in sonniger windausgesetzter Lage niedergeschlagen, so verliert die Heidelbeere die Lebenskraft und wird von der Moorheidelbeere zurückgedrängt, weil dieser die offene windausgesetzte Lage zusagt.

Wir haben dann eine Heidelbeer-Heide vor uns, welche ich im Sinne des Vegetationsentwicklungsschemas zum

Laricetum myrtillosum ↘ VACCINIETUM Myrtilli ↘ Vaccinietum uliginosi

stelle.

Wenn es sich um eine Örtlichkeit handelt, die sehr windausgesetzt ist, dann setzt sich an Stelle der Heidelbeer-Heide die Gemsheide durch, welche Entwicklung anschließend besprochen wird.

Die *Calluna*-Heide erträgt im frostgefährdeten Gebiet großen Windeinfluß und damit in Zusammenhang stehend winterliche Schneefreiheit nicht so gut wie die Gemsheide und die Moorheidelbeere. Darum spielt die *Calluna* in wenig frostgefährdeten luftfeuchten atlantischen Gebieten eine größere Rolle als in frostgefährdeten lufttrockenen kontinentalen Gebieten.

Die Heidelbeer-Heide, welche von der Gemsheide abgebaut wird

(VACCINIETUM Myrtilli ↘ Loiseleurietum).

Diese Heidelbeer-Heiden treffen wir nur im Kampfgürtel des Waldes an seiner oberen Grenze, insbesondere dort, wo in windausgesetzter Lage heidelbeerreiche Latschenbestände geschlagen wurden.

Die Heidelbeer-Heide, welche vom Bürstlingrasen abgebaut wird

(VACCINIETUM Myrtilli ↘ Nardetum strictae)

haben wir schon da und dort erwähnt.

Wird also ein heidelbeerreicher Fichtenwald niedergeschlagen, so verbleibt in schneereicher, schattiger Lage die Heidelbeer-Heide als Waldverwüstungsstadium. Wird die Heidelbeer-Heide ungeregelt beweidet, so kommt der Bürstlingrasen auf und drängt in zunehmendem Maße die Heidelbeer-Heide zurück.

Wenn wir nun in einem solchen Bürstlingrasen noch die Heidelbeere antreffen, so können wir sagen, die Heidelbeere ist noch hier; während wir dann, wenn die Weideraubwirtschaft aufhört, feststellen können, daß die Heidelbeer-Heide schon wieder im Bürstlingrasen aufkommt. In diesem Falle können wir sagen, die Heidelbeere ist schon wieder hier.

Die Unterscheidung der Stadien, in denen die Heidelbeere noch hier ist, bzw. schon hier ist, darf nicht übersehen werden; obwohl es nicht immer sehr leicht ist.

Die Heidelbeer-Heide, welche den Bürstlingrasen abbaut

(Nardetum strictae ↗ VACCINIETUM Myrtilli).

Diese Heidelbeer-Heiden treffen wir besonders in schneereichen Lagen dort an, wo mit Aufhören der Weideraubwirtschaft der Bürstlingrasen im Zuge der Wiederbewaldung von der Heidelbeer-Heide verdrängt wird.

So untersuchte ich eine solche Heidelbeer-Heide auf einem 15° Süd geneigten Hang in 1200 m Seehöhe unterhalb der Stingelfelsen im Revier Holzschlag des Stiftes Schlögel im Böhmerwald.

Floristischer Aufbau:

Vaccinium Myrtillus	4.5	*Luzula multiflora*	+.2
Nardus stricta	2.2	*Carex pilulifera*	+.2
Arnica montana	2.2	*Festuca rubra*	+.2
Potentilla erecta	1.2	*Anthoxanthum odoratum*	+.2
Veratrum album	1.2	*Deschampsia flexuosa*	+.2
Antennaria dioica	+.2	*Hieracium Pilosella*	+.2

Carex brizoides	+.2
Agrostis tenuis	+.2
Luzula silvatica	+.2
Leucorchis albida	+.2
Melampyrum pratense	+.2
Hieracium Lachenalii	+

M o o s s c h i c h t :

Pleurozium Schreberi	3.4
Polytrichum formosum	2.2
Cladonia rangiferina	1.2
Cetraria islandica	1.2

Wir haben hier eine Heidelbeer-Heide, die als Waldverwüstungsstadium des heidelbeerreichen Fichtenwaldes im Sinne folgender schematischer Darstellung der Vegetationsentwicklung anzusehen ist.

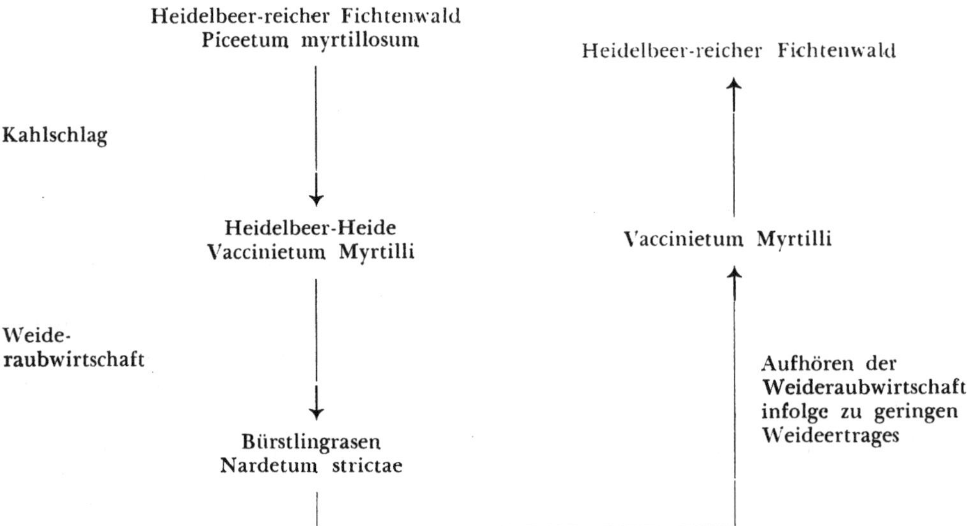

Im Sinne meiner Vegetationsentwicklungstypen stelle ich diese Heidelbeer-Heide zum

Nardetum myrtillosum ↗ VACCINIETUM Myrtilli nardetosum ↗ Piceetum myrtillosum.

Die kennzeichnenden Arten dieser Ausbildung sind hier: *Nardus stricta, Arnica montana, Carex pilulifera, Potentilla erecta, Leucorchis albida.*

W i r t s c h a f t l i c h e   F o l g e r u n g e n : Wenn wir nach Abhieb des heidelbeerreichen Fichtenwaldes die Heidelbeer-Heide der Weideraubwirtschaft zuführen, so muß ein Bürstlingrasen entstehen, weil diesem der saure Rohhumusboden ebenso zusagt wie der Betritt der Weidetiere und die negative Auslese. Wenn aber das Weidevieh im Bürstlingrasen keine Nahrung mehr findet, so bleibt es diesem Bestande ferne und begünstigt damit das Wiederaufkommen der Heidelbeer-Heide und des Fichtenwaldes.

Wir sollten die Bewaldung durch einen Ebereschenvoranbau begünstigen, denn der ehemalige Bürstlingrasenboden ist durch seine Verdichtung sehr luftarm und sagt der luftbedürftigen Fichte wenig zu.

Der Ebereschenvorbau vermag tief in den Boden einzudringen, diesen durch seine reichliche Durchwurzelung zu durchlüften und der nachfolgenden Fichte das Eindringen in größere Bodentiefen zu erleichtern.

Die Moorheidelbeer-Heiden als Vegetationsentwicklungstypen

(*Vaccinium uliginosum*-Heiden)

Von Erwin Aichinger

Die Zwergstrauchheiden der Moorheidelbeere besiedeln in der Oberen Laubwald- und in der Nadelwaldstufe sowie in der Unteren Alpenstufe saure Böden, gleichgiltig ob diese schon ursprünglich sauer waren (Silikatböden) oder ob sich über Kalk-Dolomitboden eine saure isolierende Rohhumusschicht aufgebaut hat. Sie sind überaus genügsam und nehmen hinsichtlich ihres Wasserhaushaltes eine mittlere Stellung zwischen *Loiseleuria procumbens*- und *Vaccinium Myrtillus*-Heide ein. Dem ist es zuzuschreiben, daß die Moorheidelbeere in windgeschützten Lagen im Zuge der Bodenverbesserung in die Gemsheide eindringen kann, nachdem im Boden durch Humusaufbau die wasserhaltende Kraft erhöht wurde. In windausgesetzten Lagen treffen wir daher vielfach die *Vaccinium uliginosum*-Heide in gürtelförmiger bzw. mosaikartiger Anordnung zwischen *Loiseleuria procumbens*- und *Vaccinium Myrtillus*-Heide. Nimmt die wasserhaltende Kraft des Bodens auf mehr oder weniger sauren Böden im Verlaufe der Bodenbildung und Vegetationsentwicklung weiter zu, so dringt nicht nur die *Vaccinium uliginosum*-Heide in die *Loiseleuria procumbens*-Heide, sondern die *Vaccinium Myrtillus*-Heide auch in die *Vaccinium uliginosum*-Heide. Sinkt aber der Wasserhaushalt des Bodens durch irgendwelche Eingriffe, etwa durch Brand oder durch Abhieb des schützenden Waldes, so können wir eine umgekehrte Wirkung beobachten. Dieses Kommen und Gehen der einen oder anderen Zwergstrauchheide im Bereiche der Nadelwald- und Alpenstufe kann durch schneereiche bzw. schneearme Winter besonders ausgelöst werden.

Ein schneearmer Winter begünstigt die xerophilen Zwergstrauchheiden gegenüber den mesophilen, während ein schneereicher Winter die mesophilen Zwergstrauchheiden gegenüber den xerophilen begünstigt.

Die *Vaccinium uliginosum*-Heide steht auch mit der *Calluna*-Heide in Beziehung, doch stellt letztere an die Luftfeuchtigkeit schon größere Ansprüche und ist gegenüber Wasserverlusten empfindlicher als die *Vaccinium uliginosum*-Heide.

Die *Vaccinium uliginosum*-Heide ist also entweder in der *Loiseleuria procumbens*-Heide aufgekommen oder steht zur *Calluna vulgaris*-, *Empetrum hermaphroditum*-, *Vaccinium Myrtillus*-, *Rhododendron ferrugineum*-Heide in Beziehung. In manchen Fällen ist sie ein Waldverwüstungsstadium des *Pinus Mugo*-, *Larix decidua*-, *Pinus Cembra*-, *Pinus silvestris*-, *Picea excelsa*-, aber auch des *Acer Pseudoplatanus*-Waldes.

Im Hinblick auf die Bodenunterlage können wir die *Vaccinium uliginosum*-Heiden folgend gliedern:

I. Die *Vaccinium uliginosum*-Heiden der Silikatböden (VACCINIETUM uliginosi silicicolum).

1. Die *Vaccinium uliginosum*-Heiden in windoffenen, schneearmen Lagen (VACCINIETUM uliginosi silicicolum cetrariosum),

a) die primären ↗ *Vaccinium uliginosum*-Heiden,

b) die sekundären ↘ *Vaccinium uliginosum*-Heiden.

2. Die *Vaccinium uliginosum*-Heiden in windgeschützten, schneereichen Lagen

(VACCINIETUM uliginosi silicicolum nivale),

a) die primären ↗ *Vaccinium uliginosum*-Heiden,

b) die sekundären ↘ *Vaccinium uliginosum*-Heiden.

II. Die *Vaccinium uliginosum*-Heiden als Waldverwüstungsstadien auf basischer Bodenunterlage (VACCINIETUM uliginosi calcicolum sec.).

1. Die *Vaccinium uliginosum*-Heiden in windoffenen, schneearmen Lagen (↘ VACCINIETUM uliginosi calcicolum cetrariosum sec.),

2. die *Vaccinium uliginosum*-Heiden in windgeschützten, schneereichen Lagen über basischer Bodenunterlage,

(↘ VACCINIETUM uliginosi calcicolum nivale sec.).

III. Die *Vaccinium uliginosum*-Heiden der anmoorigen Böden

(VACCINIETUM uliginosi paludosum).

a) die primären *Vaccinium uliginosum*-Heiden
(↗ VACCINIETUM uliginosi paludosum),

b) die sekundären *Vaccinium uliginosum*-Heiden
(↘ VACCINIETUM uliginosi paludosum sec.).

IV. Die *Vaccinium uliginosum*-Heiden der Moorböden (VACCINIETUM uliginosi turfosum),

a) die primären *Vaccinium uliginosum*-Heiden der Moorböden
(↗ VACCINIETUM uliginosi turfosum),

b) die sekundären *Vaccinium uliginosum*-Heiden der Moorböden
(↘ VACCINIETUM uliginosi turfosum sec.).

Es folgen nun einige Beispiele:

I. Die *Vaccinium uliginosum*-Heiden der Silikatböden

1. in windoffener, schneearmer Lage

a) Die primären Heiden:

Als Beispiel für einen primären Bestand als Anfangsgesellschaft bringe ich eine Aufnahme von einem mehr oder weniger ebenen, sehr windausgesetzten Bergsturzboden am Wege von der Erlacherhütte ob Radenthein zum Bocksattel in 1950 m Seehöhe. Es handelt sich um einen jungen Boden, der noch nicht bewaldet war.

Floristischer Aufbau:

Vaccinium uliginosum	3.2	*Senecio carniolicus*	+.2
Primula minima	2.2	*Oreochloa disticha*	+.2
Saponaria pumila	1.2	*Loiseleuria procumbens*	+.2
Helictotrichon versicolor	1.1	*Leontodon helveticus*	+
Festuca varia	+.2	*Euphrasia minima*	+
Euphrasia minima	+.2	*Pulsatilla alpina*	+
Phyteuma hemisphaericum	+.2	*Campanula alpina*	+
Juncus trifidus	+.2	*Carex sempervirens*	+
Hieracium alpinum	+.2	*Agrostis rupestris*	+

Flechten:

Alectoria ochroleuca	5.5	*Cetraria crispa*	+
Cetraria cucullata	2.2	*Thamnolia vermicularis*	+

Vergleichende Untersuchungen ergeben, daß dieser Bestand im Loiseleurietum cetrariosum aufgekommen ist und sich früher oder später bewalden wird.

Ich stelle daher diesen Bestand zum „Loiseleurietum cetrariosum ↗ VACCINIETUM uliginosi ↗ Lariceto-Pinetum Cembrae".

Zur Bewaldung wird es kommen, da die ganze Umgebung, auch oberhalb, teils einen Lärchen-Zirbenwald trägt, teils aber von verschiedenen Waldverwüstungsstadien besiedelt ist.

Unser *Vaccinium uliginosum*-Bestand ist jedoch noch zu jung und windausgesetzt und kann vorläufig nicht bewaldet werden.

Weiters bringe ich als Beispiel für einen primären Bestand eine Aufnahme von einer windausgesetzten Renkgneis-Felskanzel in 1480 m Seehöhe auf einem 5° N geneigten Hang knapp nördlich von der Feldbergspitze im südlichen Schwarzwald, mit folgendem floristischen Aufbau:

Vaccinium uliginosum	4.4	*Prenanthes purpurea*	+
Vaccinium Myrtillus	2.2	*Luzula multiflora*	+
Luzula silvatica	1.2	*Campanula Scheuchzeri*	+
Calamagrostis villosa	1.2	*Bartschia alpina*	+
Leontodon helveticus	1.1	*Deschampsia flexuosa*	+
Melampyrum silvaticum	1.1	*Carex pilulifera*	+
Sorbus aucuparia	1.1	*Vaccinium Vitis-idaea*	+
Calluna vulgaris	+.2	*Antennaria dioica*	+
Potentilla erecta	+.2	*Agrostis tenuis*	+
Lycopodium alpinum	+.2		

Moosschicht:

Rhytidiadelphus loreus	3.3	*Rhytidiadelphus triquetrus*	1.2
Hylocomium splendens	2.3	*Polytrichum formosum*	1.1

Wir haben hier einen Bestand vor uns, dem auf sehr trockenem silikatischem Boden in windausgesetzter Lage ein sehr geringer Wasser- und Nährstoffhaushalt zur Verfügung steht.

Aus vergleichenden Untersuchungen geht hervor, daß auf ähnlich gelegenen, unbeweidbaren Felskanzeln die Eberesche *(Sorbus aucuparia)* aufkommt, welche den Windeinfluß mildert, den *Vaccinium uliginosum*-Bestand zurückdrängt und das Vordringen von *Vaccinium Myrtillus* begünstigt.

Ich stelle daher diesen Bestand im Sinne meiner Vegetationsentwicklungstypen zum „VACCINIETUM uliginosi silicicolum ↗ Sorbetum aucupariae".

J. Braun-Blanquet untersuchte im Gebiet des Großglockners im oberen Teil des Felskammes, der von der Leiter gegen die Brücke der Möll hinabsteigt, in 2100 m Seehöhe einen *Vaccinium uliginosum*-Bestand. Der Standort war schwach geneigt, der Deckungsgrad 100%.

Floristischer Aufbau:

Vaccinium uliginosum	4.3	*Carex fusca*	+
Loiseleuria procumbens	+	*Euphrasia minima*	+
Hieracium alpinum	+	*Luzula sudetica*	+
Primula minima	+	*Phyteuma hemisphaericum*	+
Festuca supina	+	*Lloydia serotina*	+
Polygonum viviparum	+	*Oreochloa disticha*	+

Moose und Flechten:

Alectoria ochroleuca	5.4	*Cetraria crispa*	(+)
Cladonia silvatica	2.1	*Cetraria nivalis*	(+)
Cetraria cucullata	1.1	*Cetraria gracilis*	+
Cetraria islandica	1.1	*Rhytidium rugosum*	+

Diese *Vaccinium uliginosum*-Heide stellt Braun-Blanquet zum Loiseleurietum cetrariosum alectorietosum, welches an windausgesetzten, meist flachgründigen Windecken wächst und durch das Vorherrschen von *Alectoria ochroleuca, Cetraria cucullata, C. crispa, C. nivalis* ausgezeichnet ist.

Wenn auch *Loiseleuria procumbens* in diesem Bestande sehr zurücktritt, so muß ihn Braun-Blanquet doch zum Loiseleurietum procumbentis stellen, weil nach seiner Methode nicht auf das Dominieren bestimmter Arten, sondern auf den gesamten charakteristischen Artenbestand Rücksicht genommen wird.

Ich vermute, daß es sich hier um einen Bestand handelt, der ehemals in der Flechten-reichen *Loiseleuria procumbens*-Heide aufgekommen ist. Im Sinne der fennoskandinavischen Schule gehört er zur *Vaccinium uliginosum - Alectoria ochroleuca*-Soziation.

b) Die sekundären Moorheidelbeer-Heiden:

Einen solchen Bestand konnte ich auf der Gerlitzen ob Villach auf einem 15^{0} geneigten Südhang in 1775 m Seehöhe ober der Bergerhütte studieren, welcher folgenden f l o r i s t i s c h e n A u f b a u besitzt:

Vaccinium uliginosum	5.5	*Homogyne alpina*	+
Calluna vulgaris	3.4	*Arnica montana*	+
Deschampsia flexuosa	2.2	*Pulsatilla alpina*	+
Luzula albida	2.2	*Leontodon helveticus*	+
Vaccinium Myrtillus	1.2	*Helictotrichon versicolor*	+
Vaccinium Vitis-idaea	1.1	*Luzula multiflora*	+
Carex sempervirens	1.1	*Nigritella nigra*	+
Nardus stricta	+.2	*Agrostis tenuis*	+
Anthoxanthum odoratum	+.2		

F l e c h t e n:

Cetraria islandica	2.2	*Cladonia rangiferina*	2.2

Die Örtlichkeit dieses Bestandes ist überaus windausgesetzt, und aus vergleichenden Untersuchungen erfahren wir, daß der Bestand ein Waldverwüstungsstadium des bodensauren Lärchenwaldes ist. Ich stelle ihn daher im Sinne meiner Vegetationsentwicklungstypen zum „Laricetum ↘ VACCINIETUM uliginosi ↗ Laricetum", das heißt, es werden früher oder später wieder Lärchen *(Larix)* aufkommen und die Bewaldung einleiten. Würde es uns gelingen, unserem Bestande einen Windschutz zu bieten, so würde die Wiederbewaldung um vieles rascher vor sich gehen.

Dasselbe gilt für den folgenden Bestand, den ich ebenfalls auf der Gerlitzen, aber vor der Bergerhütte, auf einem 10^{0} Ost geneigten Hang in 1830 m Seehöhe studierte.

Der f l o r i s t i s c h e A u f b a u zeigt folgende Zusammensetzung:

Vaccinium uliginosum	4.5	*Helictotrichon versicolor*	+
Loiseleuria procumbens	2.3	*Oreochloa disticha*	+
Calluna vulgaris	2.3	*Carex pilulifera*	+
Deschampsia flexuosa	2.2	*Homogyne alpina*	+
Juncus trifidus	1.2	*Pulsatilla alpina*	+
Carex sempervirens	+.2	*Campanula Scheuchzeri*	+
Lycopodium Selago	+.2	*Melampyrum silvaticum*	+
Vaccinium Myrtillus	$+.2^{0}$	*Leontodon helveticus*	+
Vaccinium Vitis-idaea	$+.2^{0}$	*Potentilla aurea*	+
Juniperus sibirica	+.2	*Phyteuma hemisphaericum*	+

M o o s e:

Polytrichum formosum	1.2

2. Die *Vaccinium uliginosum*-Heiden in windgeschützten, schneereichen Lagen.

a) Die primären Heiden:

J. B r a u n - B l a n q u e t untersuchte in 2400 m Seehöhe auf windgeschütztem Nordhang am Val Nuna (Schweiz) auf Zwei-Glimmer-Granitgneis einen *Vaccinium uliginosum*-Bestand und fand folgenden floristischen Aufbau:

Vaccinium uliginosum	3.2	*Carex curvula*	+.2
Loiseleuria procumbens	2.2	*Rhododendron ferrugineum*	+.2
Vaccinium Myrtillus	1.1	*Homogyne alpina*	+
Vaccinium Vitis-idaea	1.1	*Leontodon helveticus*	+
Soldanella pusilla	1.1	*Chrysanthemum alpinum*	+
Helictotrichon versicolor	1.1	*Veronica bellidioides*	+
Phyteuma hemisphaericum	1.1	*Euphrasia minima*	+
Hieracium alpinum ssp. *Halleri*	1.1	*Lycopodium Selago*	+
Empetrum hermaphroditum	+.2	*Gentiana punctata*	+

Moosschicht:

Polytrichum juniperinum	1.2	*Cladonia silvatica*	+
Dicranum Mühlenbeckii	1.2	*Peltigera rufecsens*	+
Cladonia rangiferina	1.1	*Psoroma hypnorum*	+
Cetraria islandica	1.1	*Lophozia lycopodioides*	+
Cladonia pyxidata	+	*Hylocomium splendens*	+
Cladonia gracilis	+		

ferner vereinzelt: *Solorina crocea, Bartramia ityphylla, Polytrichum piliferum, Bryum* sp., *Agrostis rupestris, Salix herbacea, Primula viscosa, Bartschia alpina.*

Diesen Bestand stellt Braun-Blanquet zum Empetreto-Vaccinietum (*Empetrum-Vaccinium uliginosum*-Heide) und meint: „Wenn wir bei der Benennung *Empetrum* voranstellen, so geschieht dies nicht, weil die Art reichlicher vertreten ist oder häufiger vorkommt, das Gegenteil ist vielmehr der Fall, sondern weil ihre ökologische Amplitude in der alpinen Stufe viel enger ist als jene von *Vaccinium uliginosum*".

Braun-Blanquet zeigt besonders auf, daß das Loiseleurietum cetrariosum am besten ohne oder bei ganz kurzer Schneebedeckung gedeiht, während das Empetreto-Vaccinietum Schneeschutz benötigt. Ausgiebige Schneebedeckung begünstigt die moosreichen Fazies und *Empetrum,* kürzere Durchtränkung mit Schneewasser fördert *Vaccinium uliginosum.*

Ich vermute, daß sich dieser Bestand, wenn er ungestört bleibt, früher oder später zum Rhodoreto-Vaccinietum Myrtilli entwickeln wird. Dafür spricht die windgeschützte Lage und das Vorkommen von *Vaccinium Myrtillus* und *Rhododendron ferrugineum* sowie das Fehlen der anemophilen Flechten.

Ich stelle diesen Bestand zum „Loiseleurieto-VACCINIETUM uliginosi silicicolum nivale" ↗ (Rhodoreto-Vaccinietum Myrtilli extrasilvaticum).

Ich klammerte Rhodoreto-Vaccinietum Myrtilli ein, um aufzuzeigen, daß es sich hier nur um eine Vermutung, also Arbeitshypothese handelt, die erst erhärtet werden müßte.

H. Pallmann und P. Haffter untersuchten auf einem 30° NE geneigten Schutthaldenboden des Piz Alabana einen *Vaccinium uliginosum*-Bestand in 2200–2230 m Seehöhe und fanden folgenden floristischen Aufbau:

Vaccinium uliginosum	5.5	*Deschampsia flexuosa*	+.1
Empetrum „nigrum"	2.3	*Potentilla aurea*	+.1
Vaccinium Myrtillus	2.2	*Ligusticum Mutellina*	+.1
Loiseleuria procumbens	1.2	*Campanula Scheuchzeri*	+.1
Homogyne alpina	1.1	*Anthoxanthum odoratum*	+.1
Leontodon pyrenaicus	1.1	*Gymnadenia albida*	+.1
Helictotrichon versicolor	1.1	*Chrysanthemum alpinum*	+.1
Juniperus sibirica	+.2	*Soldanella pusilla*	+
Carex curvula	+.2	*Luzula spadicea*	+
Luzula lutea	+.2	*Rhododendron ferrugineum*	(+)
Lycopodium alpinum	+.1	*Gentiana punctata*	(+)
Hieracium alpinum ssp. *Halleri*	+.1	*Galium pumilum*	(+)
Vaccinium Vitis-idaea	+.1	*Phyteuma hemisphaericum*	rr
Lycopodium Selago	+.1		

Moosschicht:

Cetraria islandica	4.4	*Polytrichum juniperinum*	+.2
Cladonia silvatica	2.2	*Cladonia crispata*	+.2
Cladonia elongata	1.2	*Rhacomitrium lanuginosum*	+
Cladonia uncialis	1.2	*Plagiochila asplenioides*	+
Lophozia lycopodioides	+.2	*Cladonia pyxidata*	(+)
Peltigera aphthosa	+.2	*Cladonia macrophyllodes*	(+)
Dicranum Mühlenbeckii	+.2	*Dicranum scoparium*	rr
Polytrichum alpinum	+.2	*Polytrichum juniperinum*	rr
Hylocomium Schreberi	+.2		

Diesen Bestand stellen sie auf Grund der Assoziations-Charakterarten *Empetrum nigrum* und *Lycopodium alpinum* der Verbands-Charakterart *Hieracium alpinum* ssp. *Halleri* und der Ordnungs-Charakterarten: *Vaccinium uliginosum, Vaccinium Vitis-idaea, Vaccinium Myrtillus, Loiseleuria procumbens, Homogyne alpina, Rhododendron ferrugineum, Lycopodium Selago, Melampyrum silvaticum* als *Vaccinium uliginosum*-Variante zum Empetreto-Vaccinietum.

Ich vermute, daß es sich hier um eine *Vaccinium uliginosum*-Heide handelt, welche sich aus dem Loiseleurietum entwickelt hat und sich in die Richtung zum Rhodoreto-Vaccinietum Myrtilli weiter entwickeln wird.

Im Sinne meiner Vegetationsentwicklungstypen stelle ich diesen Bestand zum „Loiseleurietum cladinetosum ↗ VACCINIETUM uliginosi cetrariosum islandicae ↗ Rhodoreto-Vaccinietum".

Ich begründe meine Vermutung folgend:

1. Die Besiedlung der Schutthalde mit vorwiegend saurem Gestein muß von Arten erfolgen, welche die große Bodentrockenheit des wasserdurchlässigen Oberbodens gut ertragen können.

   Dies vermag das Loiseleurietum besser als das Vaccinietum uliginosi und natürlich letzteres besser als das Rhodoreto-Vaccinietum.

   Daher wird nicht das Loiseleurietum dem Vaccinietum uliginosi folgen, sondern umgekehrt das Vaccinietum uliginosi dem xerophilen Loiseleurietum.

2. Wenn im Zuge der Vegetationsentwicklung die Wasserhältigkeit gestiegen ist, dann vermag sich das Rhodoreto-Vaccinietum mit seinen Begleitern durchzusetzen.

Auch Pallmann und Hafffter meinen: „Während das Rhodoretum als subalpine Klimaxgesellschaft des Untersuchungsgebietes das reife Eisenpodsol als pedologischen Klimax beigeordnet hat, steht das Empetretum (unser Vaccinietum wird von obigen Autoren zu diesem Empetretum gestellt) floristisch wie ökologisch in der Sukzessionsreihe vor diesem natürlichen Endstadium. Sowohl der Boden wie auch die Vegetation sind noch nicht reif, beide streben noch dem Klimax zu. Der soziologischen Unreife des Empetretum entspricht das seltene Vorkommen des Bodenklimax unter dieser Gesellschaft. Die Eisenpodsole rücken hier sichtlich in den Hintergrund, in deren Entwicklung unreifere Bodenvarianten (der Podsolserie) dominieren. Dies dokumentiert sich vorerst in einem deutlichen Rückgang der Bodenmächtigkeit. Die Verwitterungsschichten (inkl. Humusschichten) erreichen selten die Mächtigkeit der reiferen Rhodoretenböden. Böden von über 50 cm Tiefe finden sich nur noch ausnahmsweise und nur an Stellen, wo sich das Empetretum in seinem Sukzessionsverlaufe stabilisiert und den Rang einer Dauergesellschaft eingenommen hat. Während bei den Rhodoreten Bodentiefen (bis zur C-Schicht) von über 40 cm die Regel bilden, herrschen im Empetretum die dünnschichtigeren, vielfach skelettreichen und nur bis 30 cm mächtigen Verwitterungsprofile vor“.

b) Die sekundären Moorheidelbeer-Heiden:

Einen *Empetrum hermaphroditum*-reichen Moorheidelbeer-Bestand untersuchte ich gemeinsam mit J. und G. Braun-Blanquet oberhalb der Jamnigalm westlich von Mallnitz auf ebenem Boden in 1790 m Seehöhe. Diese Aufnahme zeigte auf 4 m² folgende Artenzusammensetzung:

Vaccinium uliginosum	4.3	*Solidago Virgaurea* subsp. *alpestris*	+
Empetrum hermaphroditum	1.2	*Luzula sudetica*	+
Vaccinium Myrtillus	1.2		
Vaccinium Vitis-idaea	1.1	*Cladonia silvatica*	2.2
Lycopodium alpinum	+	*Cetraria islandica*	2.2
Pulsatilla alpina	+	*Cladonia gracilis*	+
Arnica montana	+	*Cladonia uncialis*	+
Helictotrichon versicolor	+	*Peltigera aphthosa*	+
Homogyne alpina	+	*Peltigera rufescens*	+
Potentilla aurea	+	*Polytrichum juniperinum*	+
Leontodon helveticus	+	*Pleurozium Schreberi*	+
Deschampsia flexuosa	+	*Dicranum scoparium*	+
Hieracium alpinum	+		

Der floristische Aufbau dieses Bestandes zeigt uns, daß unser Moorheidelbeer-Bestand zwar windausgesetzt ist, aber doch noch einigen Windschutz besitzt. Die windschutz-schneeschutzbedürftigen Arten *Vaccinium Myrtillus, Luzula sudetica, Homogyne alpina, Potentilla aurea, Pleurozium Schreberi, Peltigera aphthosa* zeigen uns dies an.

Im Sinne der Charakterartenlehre Braun-Blanquet's gehört dieser Krähenbeeren-Moorheidelbeer-Bestand zum Empetreto-Vaccinietum Br.-Bl. 1926, welcher mit dem Rhodoreto-Vaccinietum alterniert, aber weniger winterliche Schneebedeckung verlangt als dieser.

Charakterarten dieses Empetreto-Vaccinietum sind nach Braun-Blanquet: *Empetrum hermaphroditum, Lycopodium alpinum, Cladonia uncialis.*

Wie sehr unser Bestand mit Beständen der Rätischen Alpen übereinstimmt, geht aus folgender Beschreibung Braun-Blanquets hervor:

Die „Ass. Empetreto-Vaccinietum Br.-Bl. 1926 ist eine Zwergstrauchgesellschaft, die mit dem Rhodoreto-Vaccinietum alterniert oder sich ihm oben anschließt. Sie verlangt winterliche Schneebedeckung, ist aber weniger frostempfindlich und enthält eine Reihe alpiner Arten, die dem Rhodoreto-Vaccinietum fehlen. Im biologischen Spektrum dominieren die Chamäphyten mit 50%, die Hemikryptophyten sind mit 34% vertreten.

Das Bodenprofil, ein Humuspodsol oder schwach entwickeltes Eisenpodsol, seltener ein Humussilikatboden, ist weniger mächtig als im Rhodoreto-Vaccinietum und stark sauer (bei 15 cm Tiefe im Mittel 4,1 pH). Die A_1-Schicht ist sehr humusreich.

Die Ass. ist durch die ganze Alpenkette verbreitet und kommt auch in den Pyrenäen vor.

Ass.-Charakterarten: *Empetrum hermaphroditum* Hagerup, *Lycopodium alpinum* L., *Cladonia uncialis* Ach.

Wichtigere Begleitarten sind: *Vaccinium uliginosum,* welche Art stets mitdominiert, gelegentlich auch vorherrscht. Ferner ihrer Wichtigkeit nach geordnet: *Vaccinium Myrtillus, Homogyne alpina, Leontodon helveticus, Loiseleuria procumbens, Helictotrichon versicolor, Vaccinium Vitis-idaea, Hieracium alpinum* subsp. *Halleri* und an Kryptogamen: *Hylocomium proliferum, Dicranum neglectum, Pleurozium Schreberi, Cladonia rangiferina, Cladonia silvatica, Cetraria islandica, Cladonia gracilis* v. *elongata.*"

Was ist nun unser Bestand im Sinne meiner Vegetationsentwicklungstypen?

1. Er gehört dem Empetreto-Vaccinietum uliginosi an, weil *Vaccinium uliginosum* dominiert, daneben aber dem *Empetrum hermaphroditum* entscheidende Bedeutung zukommt.
2. Wir erfahren aus waldgeschichtlichen Untersuchungen, daß unser Bestand ein Waldverwüstungsstadium des Rostalpenrosen-Heidelbeer-reichen Lärchen-Zirbenwaldes ist und sich nach Aufhören der Weideraubwirtschaft wieder zu diesem Bestande entwickeln würde.

Wir haben also vor uns ein „Lariceto - Pinetum Cembrae rhodoreto-ferruginei vaccinietum Myrtilli ↘ Empetreto-VACCINIETUM uliginosi ↗ Lariceto-Pinetum Cembrae".

Dazu ist folgendes zu bemerken.

Das Kleinrelief der Umgebung unseres Bestandes ist sehr stark gegliedert. Neben besonders windausgesetzten Rücken sind windgeschützte Mulden und alle möglichen Übergänge vorhanden. In windgeschützten Mulden, wo im Frühjahr das Schneeschmelzwasser zusammenrinnt, haben wir Bürstlingrasenbestände, diesen angrenzend in windgeschützten Nischen und Hängen Rostalpenrosen-Heidelbeer-Bestände und auf den windausgesetzten schneearmen Rücken Bestände vom Empetreto-Vaccinietum uliginosi.

Diese Vegetationsverteilung hat sich erst nach Abhieb des Rostalpenrosen-Heidelbeer-Bestandes ergeben; denn erst dann konnte das überschüssige Schneeschmelzwasser in den Mulden zusammenrinnen und der Schnee von den erhöhten Rücken weggeweht werden. Damit verschwand die Rostalpenrosen-Heidelbeer-Heide von den schneereichen muldigen Lagen ebenso wie von den windausgesetzten schneearmen Rücken. Die Rostalpenrosen-Heidelbeer-Heide hielt sich aber in den schneereichen schattigen Hängen, wo sie denselben Wind- und Schneeschutz fand wie im Lärchen-Zirbenwald.

Wenn aber in diesem wechselnden Relief Zirbe und Lärche im Rostalpenrosen-Heidelbeer-Bestand an windgeschützten Stellen und im Schneeschutz aufkommen konnten, dann geben sie mit Heranwachsen auch ihrer windausgesetzteren Umgebung langsam Wind- und Schneeschutz und ermöglichen damit der Rostalpenrose und Heidelbeere und mit diesen auch weiteren Zirben und Lärchen, den ehemals windausgesetzteren Bestand der Moorheidelbeere zu besiedeln. Damit wird langsam der alte Waldboden zurückerobert.

Wirtschaftliche Folgerungen: Eine Aufforstung des Moorheidelbeer-Bestandes mit Zirbe und Lärche würde nur dann Erfolg haben, wenn wir einen künstlichen Windschutz anbringen. Geschieht dies nicht, so müssen wir warten, bis sich eine von uns im Rostalpenrosen-Heidelbeer-Bestand vorgenommene Zirben-Lärchenkultur auf unserem Moorheidelbeer-Bestand durch Schneeschutz und Schutz vor dem Wind ausgewirkt hat.

II. Die *Vaccinium uliginosum*-Heiden als Waldverwüstungsstadien auf basischer Bodenunterlage:

1. Die *Vaccinium uliginosum*-Heiden in windoffenen, schneearmen Lagen.

Einen solchen *Vaccinium uliginosum*-Bestand konnte ich auf einer ebenen Kanzel der Zunderwand ob Radenthein in 2125 m Seehöhe untersuchen.

Floristischer Aufbau:

Vaccinium uliginosum	5.5	*Helianthemum grandiflorum*	+.2
Erica carnea	3.3	*Thymus Serpyllum* s. l.	+.2
Vaccinium Vitis-idaea	2.2	*Elyna myosuroides*	+.2
Luzula silvatica ssp. *Sieberi*	2.2	*Selaginella selaginoides*	+
Carex sempervirens	2.2	*Pulsatilla alpina*	+
Juniperus sibirica	1.2	*Myosotis alpestris*	+
Soldanella alpina	1.2	*Bartschia alpina*	+
Helictotrichon versicolor	1.2	*Sesleria varia*	+
Trollius europaeus	1.2	*Gentiana Kochiana*	+
Anthoxanthum odoratum	1.1	*Campanula Scheuchzeri*	+
Homogyne alpina	1.1	*Potentilla aurea*	+
Leontodon helveticus	1.1	*Polygonum viviparum*	+
Festuca rubra	1.1	*Thesium alpinum*	+
Silene acaulis	+.3	*Luzula multiflora*	+
Homogyne discolor	+.2	*Veratrum album*	+

M o o s s c h i c h t:

Rhytidiadelphus triquetrus	1.2⁰	*Pleurozium Schreberi*	+.2⁰
Cetraria islandica	1.1		

Wie ist es möglich, daß in diesem Bestande basiphile und azidiphile Arten zusammen vorkommen?

Die Erklärung ist nicht schwer, denn im Boden stecken noch die halbvermoderten Wurzeln des Latschenbestandes. Dieser wurde weggeschlagen und es hielt sich die Moorheidelbeer-Heide, begleitet von *Vaccinium Vitis-idaea, Juniperus sibirica, Luzula silvatica* ssp. *Sieberi, Homogyne alpina, Rhytidiadelphus triquetrus, Pleurozium Schreberi* im Rohhumusboden des Latschenbestandes. Allerdings nicht lange, denn dem plötzlich freigestellten Boden wurde auf dieser windoffenen Felskanzel hart zugesetzt und der Rohhumus bis zum kalkigen Untergrund da und dort abgetragen.

Hier hinein kommen dann sekundär viele Arten der Blaugrashalde und der *Erica carnea*-Heide. So insbesondere: *Sesleria varia, Carex sempervirens, Helianthemum grandiflorum, Silene acaulis, Thymus Serpyllum* s. l., *Polygonum viviparum, Erica carnea, Bartschia alpina.*

Es findet also gewissermaßen ein Rückzugsgefecht zwischen den azidiphilen Rohhumuspflanzen und den vorstürmenden basiphilen Pionierpflanzen der Blaugrashalde und *Erica carnea*-Heide statt, wobei die basiphilen Pionierpflanzen, vom ungeregelten Weidebetrieb und durch die Winderosion unterstützt, vordringen. Dabei können sich im Rohhumusboden *Pulsatilla alpina, Helictotrichon versicolor, Gentiana Kochiana, Campanula Scheuchzeri, Elyna myosuroides, Luzula multiflora* noch vorübergehend ansiedeln, begleitet von *Trollius europaeus, Veratrum album* ssp. *Lobelianum,* welche durch die düngende Wirkung der Schafe begünstigt werden.

Im Sinne meiner Vegetationsentwicklungstypen haben wir also eine Moorheidelbeer-Heide vor uns, welche nach Abhieb des Latschenbuschwaldes entstanden ist und durch die winderodierende Wirkung ihres nunmehrigen Freistandes zur Blaugras-reichen *Erica carnea*-Heide degradiert wird: „Pinetum Mugi calcicolum acidiferens ↘ VACCINIETUM uliginosi ↘ Ericetum carneae caricetosum sempervirentis".

Wir ersehen also daraus, daß bei der Waldverwüstung durch Kahlschlag bzw. Schwendung allergrößte Bedeutung besitzen:

1. die Bodenunterlage,
2. der Windeinfluß,
3. die Meereshöhe.

Je größer der Windeinfluß, umsomehr spielt die Bodenunterlage eine entscheidende Rolle, denn nur in sehr windausgesetzten Örtlichkeiten wird die oberflächlich aufliegende, den darunterliegenden Kalkboden isolierende Rohhumusschicht vom Winde weggeweht.

Es ist aber auch verständlich, daß in der Voralpenstufe der Rostalpenrosenreiche Latschenbestand nach Abhieb degradiert wird; b e i w i n d g e s c h ü t z t e r L a g e zum Rhodoreto ferruginei-Vaccinietum, b e i w e n i g w i n d a u s g e s e t z t e r L a g e zum Vaccinietum Myrtilli, b e i g r ö ß e r e r w i n d a u s g e s e t z t e r L a g e zum Callunetum, b e i n o c h g r ö ß e r e r w i n d a u s g e s e t z t e r L a g e zum Vaccinietum uliginosi, b e i s e h r w i n d -

ausgesetzter Lage zum Loiseleurietum. So ist es zu verstehen, daß in der Mulde neben unserem *Vaccinium uliginosum*-Bestand infolge geringeren Windeinflusses und damit früheren Schneeschutzes die Heidelbeer-Heide sich hält (siehe Seite 106).

Wirtschaftliche Folgerungen: Jeder Abhieb der Latschenbestände und ungeregelt betriebene Weidewirtschaft müssen unter solchen Umweltbedingungen zur Verkarstung führen und das Vordringen der Alpenstufe in die Waldstufe begünstigen.

III. Die *Vaccinium uliginosum*-Heiden der anmoorigen Böden:

a) Die primären Heiden.

Primäre *Vaccinium uliginosum*-Heiden auf anmoorigen Böden treffen wir besonders in der Nadelwald- und Unteren Alpenstufe.

b) Die sekundären Heiden.

Einen solchen Bestand konnte ich in 1430 m Seehöhe knapp unter der Feldbergspitze, und zwar unter der Meteorologischen Station, auf einem 10^0 geneigten, sehr schneereichen NO-Hang im südlichen Schwarzwald auf Renkgneisboden in einem feuchten, schneereichen Graben aufnehmen und fand folgenden floristischen Aufbau:

Vaccinium uliginosum	4.2	*Bartschia alpina*	+
Arnica montana	2.2	*Lilium Martagon*	+
Vaccinium Myrtillus	1.2	*Ranunculus aconitifolius*	+
Calluna vulgaris	1.2	*Meum athamanticum*	+
Leontodon helveticus	1.1	*Meum Mutellina*	+
Potentilla erecta	1.1	*Carex pallescens*	+
Campanula Scheuchzeri	1.1	*Trollius europaeus*	+
Soldanella alpina	1.1	*Festuca rubra*	+
Potentilla aurea	1.1	*Eriophorum angustifolium*	+
Lycopodium alpinum	+.2	*Phyteuma spicatum*	+
Nardus stricta	+.2	*Orchis maculata*	+
Gentiana lutea	+	*Sanguisorba officinalis*	+
Luzula albida	+	*Polygala amara*	+
Luzula silvatica	+	*Pinguicula vulgaris*	+
Luzula multiflora	+	*Trichophorum caespitosum* (subsp. *germanicum*)	+
Melampyrum silvaticum	+		
Anthoxanthum odoratum	+		

Moosschicht:

Polytrichum formosum 2.2

Vergleichende Studien ergeben, daß dieser Bestand ein Waldverwüstungsstadium eines Bergahorn-Bestandes ist und sich früher oder später wieder über einen Vorwald zu diesem entwickeln wird. Eine ganze Reihe von Arten läßt Wasserüberschuß erkennen, so *Orchis maculata, Sanguisorba officinalis, Pinguicula vulgaris, Polygala amara, Trichophorum caespitosum* (subsp. *germanicum*), *Eriophorum angustifolium.*

Ich stelle diesen Bestand im Sinne meiner Vegetationsentwicklungstypen zum „Aceretum Pseudoplatani ↘ VACCINIETUM uliginosi paludosum nivale sec. ↗ Sorbetum ambiguae“.

Forstwirtschaftlich könnten wir aus diesen Gegebenheiten die Folgerungen ziehen und den *Vaccinium uliginosum*-Bestand mit *Alnus viridis* aufforsten. Im Schutze der Grünerle, welche den Boden tiefgründig verbessern würde, könnten wir Bergahorn, Rotbuche, Tanne und vor allem Fichte einbringen.

IV. Die *Vaccinium uliginosum*-Heiden der Moorböden:

a) Die primären *Vaccinium uliginosum*-Heiden.

Primäre *Vaccinium uliginosum*-Heiden der Moorböden treffen wir da und dort im Zuge der Austrocknung der Hochmoore, insbesondere vergesellschaftet mit *Calluna vulgaris.* Diese bilden für die Forstwirtschaft die erste Möglichkeit für die Bewaldung durch *Pinus Mugo, Pinus silvestris, Pinus Cembra* und *Betula pubescens.*

b) Die sekundären *Vaccinium uliginosum*-Heiden.

Einen sekundären Hochmoor-*Vaccinium uliginosum*-Bestand studierte ich im Hintergartner Moor im südlichen Schwarzwald; sein floristischer Aufbau zeigt:

Vaccinium uliginosum	4.3	*Molinia coerulea*	1.2
Vaccinium Myrtillus	2.2	*Andromeda polifolia*	1.1
Vaccinium Vitis-idaea	1.2	*Betula pubescens*	+
Calluna vulgaris	1.2		

Moosschicht:

Sphagnum acutifolium	3.2	*Hylocomium splendens*	1.2
Pleurozium Schreberi	2.2	*Polytrichum commune*	+.2
Sphagnum medium	1.2		

Vergleichende Untersuchungen ergaben einwandfrei, daß dieser *Vaccinium uliginosum*-Bestand ein Waldverwüstungsstadium des *Pinus Mugo* subsp. *uncinata*-Bestandes ist, und sich über ein *Betula pubescens*-Stadium wieder dorthin entwickeln wird.

Ich stelle ihn daher im Sinne meiner Vegetationsentwicklungstypen zum „Pinetum Mugi subsp. uncinatae ↘ VACCINIETUM uliginosi ↗ Betuletum pubescentis“.

Forstwirtschaftlich sollten wir diese Waldentwicklung durch Birkenanbau *(Betula pubescens)* begünstigen.

Für eine sekundäre *Vaccinium uliginosum*-Heide auf Moorboden bringe ich außerdem noch eine Aufnahme aus der Bayrischen Au an der oberösterreichisch-tschechoslowakischen Grenze am östlichen Ausläufer des Böhmerwaldes in 560 m Seehöhe als Beispiel.

Der floristische Aufbau zeigt folgende Zusammensetzung:

Vaccinium uliginosum	4.5	*Molinia coerulea*	+.2
Vaccinium Vitis-idaea	3.3	*Rhamnus Frangula*	+
Calluna vulgaris	2.3	*Trientalis europaea*	+
Vaccinium Myrtillus	1.2	*Pinus Mugo* subsp. *uliginosa*	+
Vaccinium Oxycoccos	1.2	*Betula pubescens*	+
Andromeda polifolia	1.1	*Pinus silvestris*	+
Eriophorum vaginatum	1.1		

Moosschicht:

Pleurozium Schreberi	4.4	*Polytrichum commune*	1.1
Sphagnum	3.4	*Cladonia rangiferina*	1.1

Aus vergleichenden Untersuchungen geht hervor, daß diese Heide ein Waldverwüstungsstadium eines Spirkenwaldes (Pinetum Mugi subsp. uliginosae) ist und sich früher oder später bewalden würde. Ich stelle sie zum: „Pinetum Mugi subsp. uliginosae ↘ VACCINIETUM uliginosi turfosum ↗ Pinetum Mugi subsp. uliginosae".

Forstwirtschaftlich können wir diese Entwicklung durch den Anbau von *Betula pubescens* wesentlich begünstigen. Die Weiterentwicklung führt zum Moor-Fichtenwald. Es wäre aber sehr verfrüht, wenn wir jetzt schon die Fichte in die *Vaccinium uliginosum*-Heide einbringen würden.

Bei allen forstwirtschaftlichen Maßnahmen muß darauf Bedacht genommen werden, daß am Moorboden *Pinus Mugo, Pinus silvestris, Picea, Betula pubescens* in einer besonderen Rasse vorkommen.

H. Osvald untersuchte am 12. 9. 1918 im Hochmoorgebiet Komosse einen moosarmen *Vaccinium uliginosum*-reichen Moorbirkenwald auf einer Moräne Djörkö im Trehörnasjö und fand folgenden floristischen Aufbau:

Baumschicht: ca. 8 m hoch

Betula pubescens	5

Zwergstrauchschicht:

Vaccinium uliginosum	5	*Vaccinium Myrtillus*	1
Calluna vulgaris	1	*Vaccinium Vitis-idaea*	1
Picea excelsa	1		

Krautschicht:

Melampyrum pratense	1	*Carex Goodenowii* (= *C. fusca*)	1

Moosschicht:

Blepharozia pulcherrima	1	*Polytrichum commune*	1
Dicranum scoparium	1	*Sphagnum Russowii* var. *viride*	1
Hylocomium parietinum	1		
Plagiothecium denticulatum	1		

Wird ein solcher Moorbirkenwald niedergeschlagen, so verbleibt als Waldverwüstungsstadium eine Moorheidelbeer-Heide, die ich im Sinne meiner Vegetationsentwicklungstypen zum: „Betuletum pubescentis vacciniosum uliginosi silicicolum ↘ VACCINIETUM uliginosi" stelle.

Derselbe Autor untersuchte am 7. 9. 1918 am oberen Laufe des Hulbäck eine *Vaccinium uliginosum*-Heide, welche den *Rubus Chamaemorus*-reichen Pflanzengesellschaften der oberen Bachläufe sehr nahesteht.

Floristischer Aufbau:

Vaccinium uliginosum	5	*Rubus Chamaemorus*	3
Oxycoccus quadripetalus	3+	*Eriophorum vaginatum*	1

Diese *Vaccinium uliginosum*-Heide steht vermutlich in Beziehung zum *Rubus Chamaemorus*-Birkenwald, welchen man nach H. Osvald am obersten Laufe von Bächen, um Trichter oder dergleichen antrifft. Der Standort besteht also aus dem festen, gut vermoderten Torf, der sich an solchen Plätzen infolge periodischer Überschwemmungen bildet, die ein Hindernis für das Gedeihen der *Sphagnum*-Arten zu sein scheinen.

Demnach scheint obige *Vaccinium uliginosum*-Heide ein Verwüstungsstadium des *Rubus Chamaemorus*-Moorbirkenwaldes zu sein. Sollte diese Vermutung stimmen, so wäre unsere *Vaccinium uliginosum*-Heide zum: „Betuletum pubescentis rubosum Chamaemori inundatum turfosum ↘ VACCINIETUM uliginosi" zu stellen.

Die Moose ertragen die periodische Überschwemmung nicht und fehlen daher hier; während in der nicht überschwemmten *Vaccinium uliginosum*-Heide der hohen Bulte die Moose sehr hervortreten. Diese periodische Überschwemmung des torfigen Bodens drücke ich hier durch die Bezeichnungen „inundatum turfosum" aus.

Eine solche *Vaccinium uliginosum*-Heide untersuchte H. Osvald am 7. 9. 1918 bei Äsebo gölar im Komossegebiet und fand folgenden floristischen Aufbau:

Vaccinium uliginosum	4	*Eriophorum polystachyum*	1
Empetrum nigrum	3+	*Eriophorum vaginatum*	1
Oxycoccus quadripetalus	2		

Moosschicht:

Hylocomium parietinum	4	*Sphaerocephalus palustris*	1+
Dicranum Bergeri	2	*Amblystegium stramineum*	1
Dicranum scoparium	2	*Blepharozia ciliaris*	1
Dicranum fuscescens	1	*Sphagnum papillosum*	1

Diese *Vaccinium uliginosum*-Zwergstrauchheide stelle ich zum: „VACCINIETUM uliginosi turfosum", welches vermutlich kein Waldverwüstungsstadium ist.

Die *Sphagnum*-reichen *Vaccinium uliginosum*-Heiden treten nach H. Osvald nur auf Moränen auf, die an das Moor oder an einen Lagg grenzen oder im übrigen große Feuchtigkeit besitzen und an Versumpfung leiden.

Eine solche *Vaccinium uliginosum*-Heide aus dem Komossegebiet zeigt nach H. Osvald bei Nolskogen an der Grenze gegen den Lagg am 10. 9. 1918 folgenden Aufbau:

Vaccinium uliginosum	4	*Carex Goodenowii*	
Oxycoccus quadripetalus	1	(= *C. fusca*)	1
Vaccinium Vitis-idaea	1	*Carex Leersii*	1
Melampyrum pratense	1	*Eriophorum vaginatum*	1
Potentilla erecta	1	*Polytrichum commune*	1
Agrostis canina	1	*Sphagnum angustifolium*	5

Diese *Vaccinium uliginosum*-Heide stelle ich zum: „VACCINIETUM uliginosi sphagnosum augustifolii paludosum turfosum"; also zur versumpften, anmoorigen *Sphagnum angustifolium*-reichen *Vaccinium uliginosum*-Heide.

Ebenfalls untersuchte H. Osvald am 8. 9. 1918 im südlichen Teil von Nora Björnö (Komossegebiet) einen moosreichen *Vaccinium uliginosum*-Moorbirkenwald und fand folgenden floristischen Aufbau:

Baumschicht: ca. 6 m hoch

Betula pubescens	4		

Zwergstrauchschicht:

Vaccinium uliginosum	5	*Vaccinium Vitis-idaea*	3
Vaccinium Myrtillus	3		

Krautschicht:

Melampyrum pratense	1	*Carex pilulifera*	1

Moosschicht:

Ptilium crista-castrensis	4	*Dicranum majus*	1
Hylocomium parietinum	4	*Dicranum undulatum*	1
Hylocomium proliferum	3		

Dieser Moorbirkenwald kommt nach H. Osvald auf tief liegendem Moränenboden vor, der entweder von Wasser aus einem nahen Moor influiert wird oder so hart ist, daß das Wasser einigermaßen stagnierend wirkt.

H. Osvald meint, daß dieser Wald im Komossegebiet gewissermaßen eines der ersten Stadien einer Versumpfung ist, ebenso wie in der Regel alle dortigen *Vaccinium uliginosum*-reichen Wälder.

Wird nun ein solcher Moorbirkenwald niedergeschlagen, so verbleibt wenigstens auf einige Zeit ein *Vaccinium uliginosum*-Bestand, den ich im Sinne meiner Vegetationsentwicklungstypen zum: „Betuletum pubescentis vacciniosum uliginosi silicicolum hylocomiosum ↘ VACCINIETUM uliginosi" stelle.

Schließlich bringe ich noch eine Aufnahme von H. Osvald, die er im Komossegebiet am 11. 9. 1918 auf Timmerhultsmoosen beim großen Teich untersuchte, und zwar einen *Sphagnum angustifolium*-reichen *Vaccinium uliginosum*-Moorbirkenwald; er fand folgenden floristischen Aufbau:

N i e d e r e B a u m s c h i c h t :

Betula pubescens	4		

Z w e r g s t r a u c h s c h i c h t :

Vaccinium uliginosum	5	*Vaccinium Vitis-idaea*	2

K r a u t s c h i c h t :

Rubus Chamaemorus	1		

M o o s s c h i c h t :

Sphagnum angustifolium	4	*Dicranum spurium*	1
Sphagnum centrale	2	*Dicranum undulatum*	1
Sphagnum acutifolium	1	*Hylocomium parietinum*	1
Dicranum Bonjeanii	1	*Sphaerocephalus palustris*	1
Dicranum majus	1		

Wird ein solcher Moorbirkenwald niedergeschlagen, so verbleibt als Waldverwüstungsstadium eine *Vaccinium uliginosum*-Heide, die ich im Sinne meiner Vegetationsentwicklungstypen zum: „Betuletum pubescentis vacciniosum uliginosi sphagnosum angustifolii turfosum ↘ VACCINIETUM uliginosi sphagnosum angustifolii" stelle.

H. O s v a l d weist darauf hin, daß in diesem Bestande auch *Empetrum nigrum* und *Oxycoccus quadripetalus* vorkommen können.

Die so reichliche Waldstreu (schwedisch = „fallförna") der Wald- und Feldschicht drängt die *Sphagnum*-Teppiche ein wenig zurück.

Die Preißelbeer-Heiden als Vegetationsentwicklungstypen

(Vaccinietum Vitis-idaeae)

Von Erwin Aichinger

Die Preißelbeer-Heiden nehmen ein viel kleineres Areal ein als die Moorheidelbeer-Heiden, Heidelbeer-Heiden und *Calluna*-Heiden und haben daher eine wesentlich geringere Bedeutung.

Wenn ich sie trotzdem kurz bespreche, so darum, weil sie viel zu wenig beachtet werden und in der Aufforstung des Ödlandes nicht übersehen werden dürfen. In den nordischen Ländern haben die Preißelbeer-Heiden eine viel größere Bedeutung.

In seiner „Pflanzengeographischen Monographie des Berninagebietes" beschreibt Eduard Rübel ein Vaccinietum Vitis-idaeae und hebt auf Seite 119 besonders hervor:

„Geht man von Pontresina aus den prachtvollen Schluchtweg im schönen Tais-Wald, so fällt einem auf, daß der größte Teil der Bodenbedeckung dem Heidelbeer-Bestand angehört. Jedoch um jeden Baum zunächst am Stamm ist ein Kranz von *Vaccinium Vitis-idaea* fast alleinherrschend. Zu einem eigentlichen Typus wird es im Plaun God, wo *Pinus silvestris engadinensis* den Wald bildet; da gibt die Preißelbeere den Ton an, ebenso im Statzerwald, wo ebenfalls *Pinus silvestris engadinensis* vorherrscht. Wenn auch seltener, so wird hie und da das *Vaccinium Vitis-idaea* auch im Lärchenwald herrschend, im Arvenwald fand ich es sehr ausgeprägt nur auf der Nordseite von S. Gian, wo die Preißelbeere stellenweise den Boden ganz für sich beansprucht".

E. Rübel meint im Zusammenhang seiner vergleichenden Studien mit dem Vaccinietum Myrtilli, daß diese beiden Zwergstrauchheiden miteinander so verwandt sind, daß man sie als Assoziation und Subassoziation zueinanderstellen sollte.

Dazu wäre zu sagen, daß sie sicherlich große verwandtschaftliche Beziehungen besitzen; aber nur dort, wo sie Beziehungen zum Lärchen-Zirbenwald haben und derselben ökologischen Gruppe angehören.

Wir können die Preißelbeer-Heiden folgendermaßen einteilen:

I. Die Preißelbeer-Heiden der Silikatböden
(VACCINIETUM Vitis-idaeae silicicolum)

II. Die Preißelbeer-Heiden auf basischer Bodenunterlage
(VACCINIETUM Vitis-idaeae calcicolum)

III. Die Preißelbeer-Heiden auf silikatisch-basischen Mischböden
(VACCINIETUM Vitis-idaeae silicicolum-calcicolum)

IV. Die Preißelbeer-Heiden der Hochmoorböden
(VACCINIETUM Vitis-idaeae turfosum).

I. Die Preißelbeer-Heiden der Silikatböden

a) der Laubwaldstufe:

Einen durch Plaggenhieb (Streunutzung) herabgewirtschafteten Bestand studierte ich westlich Villach ober St. Martin bei der Kreuzung der Straßen nach Bleiberg und Spittal a. d. Drau und fand folgenden floristischen Aufbau:

Vaccinium Vitis-idaea	4.3	*Deschampsia flexuosa*	+
Calluna vulgaris	3.3	*Luzula albida*	+
Melampyrum pratense	1.1	*Carex pilulifera*	+
Quercus Robur	+.2	*Carex ericetorum* var. *elongata*	+
Molinia coerulea	+.2	*Agrostis tenuis*	+
Genista germanica	+	*Potentilla erecta*	+
Pinus silvestris	+	*Carex Fritschii*	+
Luzula multiflora	+	*Potentilla supina*	+
Pteridium aquilinum	+		

Moosschicht:

Pleurozium Schreberi	4.5	*Polytrichum formosum*	1.1
Dicranum undulatum	4.3	*Polytrichum juniperinum*	+.2
Cladonia alpestris	1.3		

Wenn wir diesen Typ im Hinblick auf den Zuwachs der Rotföhre *(Pinus silvestris)* studieren, so kommen wir zur Erkenntnis, daß wir vom oberflächlichen Vegetationsaufbau nicht auf das Wachstum tief wurzelnder Holzarten schließen können, denn durch die Streunutzung wird nur der Oberboden herabgewirtschaftet, nicht aber der Unterboden. *Pinus silvestris* dringt mit ihren Pfahlwurzeln sehr rasch in die tiefer liegende bessere Wurzelschicht ein und zeigt natürlich ein viel besseres Wachstum als *Picea excelsa,* welche nicht in der Lage ist, den Oberboden so rasch zu durchwachsen wie *Pinus silvestris.*

Aus vergleichenden Untersuchungen geht hervor, daß unsere Preißelbeer-Heide ein Waldverwüstungsstadium des Pinetum silvestris ist und sich früher oder später wieder mit *Pinus silvestris* bewalden wird.

Ich stelle sie daher zum: „Pinetum silvestris ↘ VACCINIETUM Vitis-idaeae ↗ Pinetum silvestris“.

Wir könnten diesen Boden verbessern:

1. Durch Unterlassung jeder Streunutzung,
2. durch Reisigdeckung,
3. durch Bodenkalkung,
4. durch Voranbau von Lupine, Birke, Zitterpappel.

b) der Nadelwaldstufe:

Einen solchen Preißelbeer-reichen Lärchen-Latschen-Wald konnte ich auf einem Silikatbergsturzblockboden im Bocksattel ober der Erlacherhütte im Langalpental in 1900 m Seehöhe untersuchen.

Floristischer Aufbau:

Baumschicht:

Larix decidua	4.5		

Strauchschicht:

Pinus Mugo	5.5		

Niederwuchs:

Vaccinium Vitis-idaea	4.3	*Vaccinium Myrtillus*	2.2
Rhododendron ferrugineum	2.3	*Deschampsia flexuosa*	2.2

Moosschicht:

Dicranum scoparium	3.4	*Cladonia alpestris*	1.2
Pleurozium Schreberi	2.2	*Cetraria islandica*	1.1
Cladonia silvatica	2.2	*Hylocomium splendens*	+.2

Ich stelle diesen Wald zum Preißelbeer-reichen Lärchenwald, der im Latschenbestand aufgekommen ist und sich früher oder später zum Fichtenwald weiterentwickeln wird.

(Pinetum Mugi ↗ LARICETUM silicicolum vacciniosum Vitis-idaeae ↗ [Piceetum]).

Wird dieser Lärchenwald geschlagen, so wird er zur Preißelbeer-Heide degradiert: (Pineto Mugi Caricetum ↘ VACCINIETUM Vitis-idaeae).

Ich bringe nun eine ganze Reihe von Beispielen aus den nordischen Ländern und dem Berninagebiet.

H. Osvald untersuchte am 8. 9. 1918 im Komossegebiet Stora Björnö einen moosreichen Preißelbeer-Fichtenwald und fand folgenden floristischen Aufbau:

Baumschicht:

Picea excelsa	5		

Niederwuchs:

Vaccinium Vitis-idaea	4 –	*Carex pilulifera*	1
Vaccinium Myrtillus	1	*Carex globularis*	1

Moosschicht:

Hylocomium parietinum (= Pleurozium Schreberi)	4	*Rhytidiadelphus triquetrus*	3
Hylocomium proliferum (= Hylocomium splendens)	3	*Dicranum majus*	1
		Plagiothecium denticulatum	1

Dieser Wald besitzt eine größere Verbreitung und wegen der vielen Preißelbeeren eine große wirtschaftliche Bedeutung.

Wird der Wald abgeholzt, so verbleibt eine Preißelbeer-Heide, welche ich im Sinne der Vegetationsentwicklungstypen zum „Piceetum vacciniosum Vitis-idaeae hylocomiosum ↘ VACCINIETUM Vitis-idaeae silicicolum ↗ (Betuletum pubescentis)“ stelle.

Die Wiederbewaldung würde hier auf dem frischen Moränenboden um das Moor herum vermutlich über einen Birkenwald zum Fichtenwald erfolgen, während die Wiederbewaldung auf einem trockenen Moränenboden über einen *Pinus silvestris*-Wald gehen würde.

H. Osvald studierte im Komossegebiet auf trockenstem Moränenboden westlich von Elmö am 10. 9. 1918 einen moosreichen Preißelbeer-Rotföhrenwald mit folgendem floristischen Aufbau:

Baumschicht:

Pinus silvestris, ca. 10 m hoch	4+		

Niederwuchs:

Vaccinium Vitis-idaea	5	*Deschampsia flexuosa*	1
Vaccinium Myrtillus	1		

Moosschicht:

Hylocomium proliferum (= Hylocomium splendens)	5	*Dicranum majus*	1
		Dicranum spurium	1
Hylocomium parietinum (= Pleurozium Schreberi)	1	*Dicranum undulatum*	1

H. Osvald stellt diesen Bestand zur *Pinus silvestris - Vaccinium Vitis-idaea - Hylocomium parietinum-proliferum* - Assoziation, welche auf trockenen Sandablagerungen, z. B. im Nissatal bei Mulsorgd, sehr verbreitet ist, im Komossegebiet aber nur auf den trockensten Moränenböden anzutreffen ist.

Wird dieser *Pinus silvestris*-Wald niedergeschlagen, so verbleibt eine Preißelbeer-Heide als Waldverwüstungsstadium, die ich zum „Pinetum silvestris vacciniosum Vitis-idaeae hylocomiosum ↘ VACCINIETUM Vitis-idaeae silicicolum ↗ Pinetum silvestris“ stelle.

Wirtschaftliche Folgerungen: Diese Heidelbeer-Heiden wären mit *Pinus silvestris* aufzuforsten.

H. Osvald machte am 13. 9. 1918 im Komossegebiet, und zwar im nördlichen Teil von Granö, eine Aufnahme eines moosreichen, Preißelbeer-reichen Moorbirkenwaldes auf Moränenböden, den er zur *Betula pubescens - Vaccinium Vitis-idaea - Hylocomium parietinum-proliforum* - Assoziation stellt.

Floristischer Aufbau:

Baumschicht:

Betula pubescens	4+

N i e d e r w u c h s :

Vaccinium Vitis-idaea	4	*Vaccinium Myrtillus*	2 –

M o o s s c h i c h t :

Hylocomium parietinum		*Dicranum undulatum*	2
(= *Pleurozium Schreberi*)	4	*Dicranum majus*	1
Hylocomium proliferum		*Dicranum scoparium*	1
(= *Hylocomium splendens*)	4	*Ptilium crista-castrensis*	1

Wird dieser Birkenwald abgeholzt, so verbleibt als Waldverwüstungsstadium eine Preißelbeer-Heide, die ich im Sinne meiner Vegetationsentwicklungstypen zum „Betuletum pubescentis vacciniosum Vitis-idaeae hylocomiosum ↘ VACCINIETUM Vitis-idaeae silicicolum ↗ Betuletum" stelle.

Er zeigt auf, daß diese Birken-Assoziation nur auf Moränenboden verzeichnet wurde und auf Torf nicht auftritt.

Ebenfalls H. O s v a l d untersuchte am 12. 9. 1918 auf Björkö im Komossegebiet einen ca. 6 m hohen Preißelbeer-Moos-reichen Ebereschenwald, den er zur *Sorbus aucuparia - Vaccinium Vitis-idaea - Hylocomium parietinum-proliferum* - Assoziation stellt.

F l o r i s t i s c h e r A u f b a u :

B a u m s c h i c h t :

Sorbus aucuparia	4+

N i e d e r w u c h s :

Vaccinium Vitis-idaea	4	*Melampyrum pratense*	1+
Vaccinium Myrtillus	2	*Deschampsia flexuosa*	1+
Calluna vulgaris	1		

M o o s s c h i c h t :

Hylocomium parietinum		*Blepharozia ciliaris*	1
(= *Pleurozium Schreberi*)	5	*Dicranum majus*	1
Hylocomium proliferum		*Dicranum spurium*	1
(= *Hylocomium splendens*)	3	*Dicranum undulatum*	1

Wird dieser Preißelbeer-reiche Ebereschenwald niedergeschlagen, so verbleibt als Waldverwüstungsstadium eine Preißelbeer-Heide, welche ich im Sinne meiner Vegetationsentwicklungstypen zum „Sorbetum aucupariae vacciniosum Vitis-idaeae hylocomiosum ↘ VACCINIETUM Vitis-idaeae silicicolum ↗ Sorbetum aucupariae" stelle.

G. E i n a r D u R i e t z und R. S e r n a n d e r untersuchten gemeinsam am 14. 9. 1924 in der Gegend von Upsala den Ryggmossen-Fichtenwald auf festem, trockenem Boden und fanden folgenden f l o r i s t i s c h e n A u f b a u :

B a u m s c h i c h t :

Picea excelsa	5

Strauchschicht:

Picea excelsa	3

Niederwuchs:

Vaccinium Vitis-idaea	5	*Goodyera repens*	1
Vaccinium Myrtillus	1	*Deschampsia flexuosa*	1
Lycopodium annotinum	1	*Luzula pilosa*	1
Linnaea borealis	1		

Moosschicht:

Hylocomium parietinum (= *Pleurozium Schreberi*)	5	*Dicranum majus*	1
		Dicranum undulatum	1
Hylocomium proliferum (= *Hylocomium splendens*)	3	*Rhytidiadelphus triquetrus*	1
		Ptilium crista-castrensis	1

Wird dieser Fichtenwald niedergeschlagen, dann verbleibt eine Preißelbeer-Heide, die ich zum „Piceetum excelsae vacciniosum Vitis-idaeae hylocomiosum parietini ↘ VACCINIETUM Vitis-idaeae silicicolum" stelle.

Und nun einige Beispiele aus den Arbeiten E. Rübels aus dem Berninagebiet.

Er untersuchte z. B. auf der Nordseite von S. Gian in 1700 m Seehöhe im Berninagebiet einen *Vaccinium Vitis-idaea*-reichen Lärchen-Zirbenwald mit folgendem floristischen Aufbau:

Baumschicht:

Pinus Cembra	7	*Larix decidua*	3

Niederwuchs:

Vaccinium Vitis-idaea	10	*Calamagrostis villosa*	0—+
Vaccinium Myrtillus	1–4	*Deschampsia flexuosa*	1
Empetrum hermaphroditum	1	*Solidago Virgaurea*	1
Calluna vulgaris	1	*Luzula albida*	1
Linnaea borealis	0–2	*Helictotrichon versicolor*	1
Arnica montana	0–2		

Wir haben hier ein Lariceto-PINETUM Cembrae vacciniosum Vitis-idaeae silicicolum vor uns. Wird dieser Wald niedergeschlagen, so erhalten wir eine Preißelbeer-Heide als Verwüstungsstadium dieses Waldes, die ich im Sinne meiner Vegetationsentwicklungstypen zum „Lariceto-Pinetum Cembrae vacciniosum Vitis-idaeae ↘ VACCINIETUM Vitis-idaeae silicicolum ↗ Lariceto-Pinetum Cembrae" stelle.

Ich bin allerdings überzeugt, daß auch dieser Lärchen-Zirbenwald ein Waldverwüstungsstadium des voralpinen Fichtenwaldes ist.

E. Hübel untersuchte auch Preißelbeer-reiche Lärchenwälder im Berninagebiet und fand folgenden floristischen Aufbau:

Baumschicht:		
Aufnahme Nr.:	1	2
Larix decidua	10	10
Pinus Cembra	1	1
Zwergsträucher:		
Vaccinium Vitis-idaea	5	7
Vaccinium Myrtillus	3	5
Vaccinium uliginosum	1	5
Calluna vulgaris	1	6
Empetrum hermaphroditum		3
Juniperus communis		2
Krautige Pflanzen:		
Deschampsia flexuosa	2	5
Luzula albida	3	
Hieracium murorum (= H. silvaticum)	1	1
Solidago Virgaurea	1	1
Homogyne alpina	1	1
Potentilla Crantzii	1	1
Pirola minor	1	
Arnica montana	1	
Helictotrichon versicolor	1	
Geranium silvaticum	1	
Lotus corniculatus	2	
Antennaria dioica	1	
Festuca rubra genuina		1

Die Aufnahmen stammen von folgenden Örtlichkeiten

Nr. 1 Lärchenwald vom Osthang des Muottas da Celerina aus 1810 m Seehöhe,
Nr. 2 Lärchenwald im Statzerwald unter der Plaun Choma aus 1830 m Seehöhe.

Diese beiden Lärchenwälder sind vermutlich weidebedingte Verwüstungsstadien des Fichtenwaldes.

Werden diese Lärchenwälder niedergeschlagen, so verbleiben Preißelbeer-Heiden, welche ich im Sinne meiner Vegetationsentwicklungstypen zum „Laricetum deciduae vacciniosum Vitis-idaeae ↘ VACCINIETUM Vitis-idaeae silicicolum ↗ Laricetum“ stelle.

Schließlich untersuchte er auch viele Preißelbeer-reiche *Pinus silvestris engadinensis*-Rotföhrenwälder im Berninagebiet und fand folgenden floristischen Aufbau:

Aufnahme Nr.:	1	2	3
Seehöhe:	1760	1790	1800
B a u m s c h i c h t :			
Pinus silvestris engadinensis	7	7	7
Larix decidua	2	2	1
Pinus Cembra	2	2	3
Z w e r g s t r a u c h s c h i c h t :			
Vaccinium Vitis-idaea	10	10	10
Vaccinium Myrtillus	4	3–7	4
Vaccinium uliginosum	4	1	3
Calluna vulgaris	3	4	4
Empetrum hermaphroditum		1	3
N i e d e r w u c h s :			
Deschampsia flexuosa	4	3	3
Calamagrostis villosa	1–5	3–6	1–4
Hieracium murorum			1
(= H. silvaticum)	1	1	1
Festuca rubra genuina	1	1	1
Luzula albida	1	1	
Linnaea borealis	1	4	
Melampyrum silvaticum	1	1	
Solidago Virgaurea		1	
Pirola minor		1	
Arnica montana		1	
Lotus corniculatus		1	
Homogyne alpina			2

Die Aufnahmen stammen von folgenden Örtlichkeiten:

Nr. 1 vom Statzerwald bei Palüd Chapè,
Nr. 2 vom Engadiner-Rotföhrenwald im Plaun God,
Nr. 3 vom Statzerwald bei „Choma".

Alle diese Engadiner Rotföhren-Wälder sind vermutlich Wälder, welche in Beziehung zum Fichtenwald stehen und durch die Weideraubwirtschaft zu Preißelbeer-reichen Engadiner Rotföhren-Lärchen-Zirben-Mischwäldern herabgewirtschaftet wurden.

Würden nun diese lichtdurchflossenen Preißelbeer-reichen Nadelwälder kahlgeschlagen, so würden wir Preißelbeer-Heiden erhalten, welche ich im Sinne meiner Vegetationsentwicklungstypen zum „Pinetum silvestris engadinensis vacciniosum Vitis-idaeae ↘ VACCINIETUM Vitis-idaeae silicicolum ↗ Pinetum silvestris engadinensis" stelle.

II. Die Preißelbeer-Heiden auf basischer Bodenunterlage:

Im Obersten Feistringgraben bei Aflenz, Steiermark, auf einem Nordhang in 1635 m Seehöhe, untersuchte ich einen Preißelbeer-Bestand als Waldverwüstungsstadium eines abgebrannten Legföhrenbestandes.

Der floristische Aufbau zeigt folgende Zusammensetzung:

Vaccinium Vitis-idaea	4.3	*Oxalis Acetosella*	+.1
Deschampsia flexuosa	2.2	*Melampyrum silvaticum*	+
Homogyne alpina	2.2	*Dryopteris austriaca* subsp. *dilatata*	+
Peucedanum Ostruthium	2.2	*Rubus idaeus*	+
Vaccinium Myrtilius	1.2	*Rumex arifolius*	+
Rhododendron hirsutum	1.2	*Dentaria enneaphyllos*	+
Valeriana tripteris	1.2	*Primula elatior*	+
Heliosperma alpestre	1.2	*Armeria alpina*	+
Adenostyles Alliariae	1.2	*Solidago alpestris*	+
Campanula Scheuchzeri	1.1	*Parnassia palustris* f. *alpina*	+
Hieracium silvaticum	1.1	*Larix decidua*	+
Lycopodium annotinum	+.2	*Picea excelsa*	$+^{0}$
Luzula Sieberi	+.2	*Larix decidua*	$+^{0}$
Galium pumilum	+.2		
Euphrasia versicolor	+.2		

Dieser Bestand ist insoferne sehr interessant, als er in seinem floristischen Aufbau erkennen läßt, daß auch schon der ehemalige *Pinus Mugo*-Bestand Beziehungen zum Lärchen-Fichtenwald hatte und eine ganze Reihe von Hochstauden besitzt.

Differenzialarten des Hochstaudenwaldes sind:

Adenostyles Alliariae, Peucedanum Ostruthium, Rumex arifolius.

Durch Brand wurde der saure Rohhumusboden nitrifiziert. Diesem Umstande verdankt *Rubus idaeus* das Vorkommen.

Im Sinne meiner Vegetationsentwicklungstypen stelle ich diesen Bestand zum „Pinetum Mugi ↘ VACCINIETUM Myrtilli ↗ Pinetum Mugi".

Die Weiterentwicklung führt zweifellos zum Lariceto Piceetum adenostyletosum Alliariae.

Wie hat nun der *Pinus Mugo*-Bestand vor dem Abbrennen ausgesehen?

Da die Brandstelle verhältnismäßig klein ist, können wir gleich anschließend, unter sonst gleichen Umweltbedingungen, den floristischen Aufbau eines Legföhrenbestandes studieren.

Zweifellos wurde durch den Brand *Vaccinium Vitis-idaea* begünstigt.

Strauchschicht:

Pinus Mugo	5.5	*Rosa pendulina*	+
Sorbus Chamaemespilus	2.2	*Salix glabra*	+
Larix decidua	+	*Lonicera coerulea*	+

Niederwuchs:

Rhododendron hirsutum	3.4	*Deschampsia flexuosa*	+.2
Vaccinium Myrtillus	3.3	*Luzula Sieberi*	+
Vaccinium Vitis-idaea	1.2	*Dentaria enneaphyllos*	+
Homogyne alpina	1.2	*Dryopteris austriaca* ssp. *dilatata*	+
Oxalis Acetosella	1.2	*Dryopteris Filix-mas*	+
Adenostyles Alliariae	1.1	*Listera cordata*	+
Peucedanum Ostruthium	1.1		

Saxifraga rotundifolia	+	*Carex ferruginea*	+
Knautia dipsacifolia	+	*Campanula Scheuchzeri*	+
Phyteuma spicatum	+	*Polygonatum verticillatum*	+
Silene Cucubalus ssp. *alpina*	+	*Ranunculus aconitifolius*	+
Soldanella montana	+		

Moosschicht:

Ptilium crista-castrensis	2.4	*Rhytidiadelphus loreus*	+.2
Rhytidiadelphus triquetrus	1.2	*Hylocomium splendens*	+.2
Sphagnum acutifolium	+.5	*Pleurozium Schreberi*	+.2
Dicranum scoparium	+.3	*Plagiochila asplenioides*	+

Nach Abbrennen dieses Bestandes würde der Oberboden sehr verschlechtert werden und damit die Ausbreitung von *Vaccinium Vitis-idaea* sehr begünstigt.

Die Hochstauden würden durch den Brand nicht vernichtet werden, weil ihr Rhizom dabei nicht beschädigt werden würde. Nur so war es möglich, daß dieser vorherbeschriebene Bestand zum VACCINIETUM Vitis-idaea adenostyletosum Alliariae geworden ist.

Helmut Gams bringt in seiner „Walliser Vegetationsmonographie" einen *Vaccinium Vidis-idaea*-reichen *Pinus silvestris*-Wald von einem SW geneigten Schutthang unter Haut d'Alesses aus 1640 bis 1650 m Seehöhe mit folgendem floristischen Aufbau:

Baumschicht:

Larix decidua	1	*Pinus montana-arborea*	1
Pinus Cembra	1		

Strauchschicht:

Juniperus communis	1	*Rosa pendulina*	1

Niederwuchs:

Vaccinium Vitis-idaea	8	*Hippocrepis comosa*	1
Polygala Chamaebuxus	3	*Epilobium angustifolium* (= *Chamaenerion angustifolium*)	1
Deschampsia flexuosa	3	*Euphorbia Cyparissias*	1
Anthoxanthum odoratum	3	*Digitalis ambigua*	1
Geranium silvaticum	2–3	*Ajuga pyramidalis*	1
Hieracium murorum (= *H. silvaticum*)	2–3	*Galium pumilum*	1
Vaccinium Myrtillus	2	*Campanula rhomboidalis*	1
Luzula nivea	2	*Campanula rotundifolia*	1
Knautia silvatica	2	*Phyteuma spicatum*	1
Solidago Virgaurea	2	*Chrysanthemum Leucanthemum*	1
Veronica officinalis	1	*Centaurea montana*	1
Arctostaphylos Uva-ursi	1	*Carlina acaulis*	1
Cotoneaster integerrima	1	*Prenanthes purpurea*	1
Genista sagittalis	1	*Hieracium Peletieranum*	1
Ranunculus „breyninus" (= *R. nemorosus*)	1	*Polytrichum juniperinum*	1
Saponaria ocymoides	1		
Lotus corniculatus	1		

Helmut Gams zeigt auf, daß die Preißelbeer-Heiden hauptsächlich im Gebiet von Outre-Rhône in den Lärchen-Arven-Mischwäldern entwickelt sind.

Ich vermute, daß obiger Lärchen-Zirben-Spirken-Weidewald ein durch die Weideraubwirtschaft bedingtes Waldverwüstungsstadium des Fichtenwaldes ist; denn die Weideraubwirtschaft drängt immer wieder im Interesse der Bodenlichtung die schattenspendende Fichte zurück und begünstigt die lichtbedürftigeren Lärchen und Zirben.

Werden auch noch diese wenigen Bäume niedergeschlagen, so erhalten wir ein VACCINIETUM Vitis-idaeae, welches ich als Waldverwüstungsstadium des Lärchen-Zirbenwaldes zum „Lariceto-Pinetum Cembrae ↘ VACCINIETUM Vitis-idaeae ↗ Lariceto-Pinetum Cembrae" stelle.

III. Die Preißelbeer-Heiden auf silikatisch-basischen Mischböden:

Einen solchen Bestand konnte ich auf einem 5° N geneigten Hang am Dobrowa-Plateau bei Müllnern, Warmbad-Villach, auf 100 m² studieren.

Floristischer Aufbau:

Vaccinium Vitis-idaea	5.5	*Potentilla erecta*	+.2
Vaccinium Myrtillus	2.2	*Veronica officinalis*	+.2
Pteridium aquilinum	1.1	*Polygala Chamaebuxus*	+.2
Calluna vulgaris	+.2	*Erica carnea*	+.2
Carex pilulifera	+.2	*Populus tremula*	+
Melampyrum pratense	+.2	*Quercus Robur*	+
Genista germanica	+.2	*Pinus silvestris*	+
Genista sagittalis	+.2	*Rhamnus Frangula*	+
Antennaria dioica	+.2	*Picea excelsa* (gepflanzt)	1.1[00]
Hieracium Pilosella	+.2		

Moosschicht:

Pleurozium Schreberi	5.5	*Dicranum undulatum*	1.2
Polytrichum formosum	2.1		

Der Boden dieses Bestandes wurde lange Zeit hindurch durch Plaggenhieb herabgewirtschaftet und war ehemals ein *Pinus silvestris*-Wald, der später kahlgeschlagen wurde.

Dabei zeigt es sich immer wieder, daß *Vaccinium Vitis-idaea* infolge seiner günstigen Bewurzelung durch Plaggenhieb weniger vernichtet wurde. Hört der Plaggenhieb durch den Kahlschlagbetrieb auf, so siedelt sich sekundär wieder *Pinus silvestris* an und führt die Entwicklung zum Pinetum silvestris callunosum.

Ich stelle daher diesen Bestand zum „Pinetum silvestris ↘ VACCINIETUM Vitis-idaeae silicicolum-calcicolum ↗ Pinetum silvestris".

Forstwirtschaftlich wäre es ein Unfug, in diesen Bestand die Fichte hineinzubringen; denn sie vermag in der Preißelbeer-Heide ihren Wasserhaushalt nicht zu befriedigen.

Eine andere derartige Preißelbeer-Heide untersuchte ich auf einem ebenen Plateau westlich des Eggerteiches bei Villach.

Floristischer Aufbau:

Vaccinium Vitis-idaea	5.5	*Pinus silvestris*	+
Calluna vulgaris	3.4	*Populus tremula*	+
Melampyrum pratense	1.1	*Quercus Robur*	+
Polygala Chamaebuxus	+.2	*Erica carnea*	+
Carex pilulifera	+.2		

Moosschicht:

Polytrichum formosum	3.2	*Pleurozium Schreberi*	1.2

Diese Preißelbeer-Heide ist ein Waldverwüstungsstadium des Preißelbeerreichen Rotföhrenwaldes, zu dem sie sich wieder entwickeln wird.

(Pinetum silvestris ↘ VACCINIETUM Vitis-idaeae ↗ Pinetum silvestris.)

Ich vermute, daß sie sich zum *Calluna vulgaris*-reichen Rotföhrenwald entwickeln wird, da die *Calluna* sehr lebenskräftig im Vordringen begriffen ist.

Ein Preißelbeer-reicher Rotföhrenwald z. B. zeigt folgenden floristischen Aufbau:

Baumschicht: 6–8 m hoch, 0.7 bestockt

Pinus silvestris	5.5

Strauchschicht:

Picea excelsa	1.1

Niederwuchs:

Vaccinium Vitis-idaea	5.5	*Polygala Chamaebuxus*	+.2
Calluna vulgaris	4.3	*Carex pilulifera*	+
Melampyrum pratense	1.1		

Moosschicht:

Polytrichum formosum	3.2	*Pleurozium Schreberi*	1.1

Bezeichnend für diesen Wald ist, daß er nicht durch Plaggenhieb streugenutzt wird, sondern mit Hilfe von Eisenrechen. Dieser Streunutzung ist es auch zu zuschreiben, daß das tiefwurzelnde Haarmützenmoos *Polytrichum formosum* stark hervortritt.

IV. Die Preißelbeer-Heiden der Hochmoorböden:

Wenn ich auch da und dort im Hochmoorgebiet *Vaccinium Vitis-idaea*-Heiden angetroffen habe, so waren sie aber immer nur fragmentarisch entwickelt. Aber immer waren es nur sekundäre Heiden.

Ich bringe nun einige Preißelbeer-reiche Bestände, um zu zeigen, wie solche Hochmoor-Preißelbeer-Heiden in Beziehung zum Pinetum silvestris, zum Piceetum und zum Betuletum pubescentis stehen.

H a n s Z u m p f e untersuchte im Jahre 1928 am Südostmoor des Hechtensees in Obersteiermark einen *Sphagnum acutifolium*-reichen *Pinus Mugo*-Hochmoorbestand mit folgendem f l o r i s t i s c h e n A u f b a u:

Pinus Mugo	4	*Dicranum Bergeri*	2
Vaccinium Vitis-idaea	4	*Sphagnum amblyphyllum*	1
Vaccinium Myrtillus	2	*Sphagnum fuscum*	1
Calluna vulgaris	2	*Aulacomnium palustre*	1
Vaccinium Oxycoccos	1	*Calliergon stramineum*	1
		Leptoscyphus anomalus	1
Eriophorum vaginatum	2	*Polytrichum strictum*	1
Drosera rotundifolia	1	*Cetraria Pinastri*	1
		Cladonia pyxidata	1
Sphagnum acutifolium	5	*Cladonia rangiferina*	1

Wir haben es hier mit einer ausgesprochenen Hochmoorgesellschaft zu tun, welche im Sinne meiner Vegetationsentwicklungstypen der ökologischen Gruppe „PINETUM Mugi turfosum" angehört.

Wird dieser Hochmoor-Latschenbestand niedergeschlagen, so verbleibt eine Hochmoor-Preißelbeer-Heide, die ich zum „Pinetum Mugi sphagnosum acutifolium ↘ VACCINIETUM Vitis-idaeae turfosum ↗ Pinetum Mugi" stelle.

H a n s Z u m p f e zeigt auf, daß dieser Hochmoor-Latschenbestand auf allen obersteirischen Hochmooren verbreitet ist und meint, daß dieser Bestand im Hochmoor dort zuerst zur Entwicklung kommt, wo die Mooroberfläche die größte Entfernung vom Grundwasser aufweist.

H u g o O s v a l d studierte am 11. September 1918 im Komossegebiet am Karlaböck nördlich von Granö einen *Sphagnum Girgensohnii*-reichen Preißelbeer-Fichtenwald und stellte ihn zur *Picea excelsa - Vaccinium Vitis-idaea - Sphagnum Girgensohnii* - Assoziation.

F l o r i s t i s c h e r A u f b a u:

B a u m s c h i c h t:

Picea excelsa	5

N i e d e r w u c h s:

Vaccinium Vitis-idaea	3+	*Rubus Chamaemorus*	2+
Vaccinium Myrtillus	3	*Eriophorum vaginatum*	1

M o o s s c h i c h t:

Sphagnum Girgensohnii	4	*Hylocomium proliferum* (= *Hylocomium splendens*)	1
Sphagnum acutifolium	1	*Pohlia* cfr. *nutans*	1
Sphagnum angustifolium	1	*Polytrichum commune*	1
Dicranum majus	1		
Dicranum undulatum	1		
Hylocomium parietinum (= *Pleurozium Schreberi*)	1		

Diesen Fichtenwald trifft man nach H. O s v a l d längs der Bäche dort an, wo nur ein dünnes Lager von Waldmoder die Moräne bedeckt.

Ich stelle diesen Wald daher im Sinne meiner Vegetationsentwicklungstypen zur ökologischen Gruppe „Piceetum paludosum turfosum", ergänze aber diesen Namen noch durch „silicicolum", um darauf hinzuweisen, daß dieser Fichtenwald auf einem anmoorigen Boden siedelt, in dem der silikatische Boden hoch ansteht.

Wird dieser Fichtenwald niedergeschlagen, so verbleibt eine Preißelbeer-Heide, die ich im Sinne meiner Vegetationsentwicklungstypen zum „Piceetum vacciniosum Vitis-idaeae sphagnosum Girgensohnii ↘ VACCINIETUM Vitis-idaeae silicicolum paludosum turfosum ↗ (Betuletum pubescentis)" stelle.

Ich vermute, daß die Wiederbewaldung dieser Preißelbeer-Heide über ein Moorbirkenwald-Stadium erfolgen wird.

Wirtschaftliche Folgerungen: Nach Kahlschlag dieses Fichtenwaldes müßte die Wiederbewaldung dieser Preißelbeer-Heide über einen Moorbirkenwald erfolgen.

Hugo Osvald untersuchte am 7. 9. 1918 im Oberlauf des westlichen Armes des Halbäck einen Preißelbeer-reichen Moorbirkenwald mit folgendem floristischen Aufbau:

Baumschicht:

Betula pubescens, 5 m hoch 5

Zwergsträucher:

Vaccinium Vitis-idaea	5	*Vaccinium Myrtillus*	1
Rubus Chamaemorus	4	*Calluna vulgaris*	1

Hugo Osvald zeigt auf, daß dieser Preißelbeer-reiche Moorbirkenwald längs des oberen Laufes der Bäche in solchen Lagen auf Torf auftritt, welche im Frühjahr überschwemmt sind, und er meint, daß dies wohl der Hauptgrund dafür ist, daß der Bodenschicht insbesondere die Moose fehlen.

Ich stelle diesen Moorbirkenwald zu ökologischen Gruppe „BETULETUM pubescentis paludosum turfosum".

Wird dieser Birkenwald geschlagen, so erhalten wir als Waldverwüstungsstadium eine Preißelbeer-Heide, die ich im Sinne meiner Vegetationsentwicklungstypen zum „Betuletum pubescentis vacciniosum Vitis-idaeae ↘ VACCINIETUM Vitis-idaeae rubosum Chamaemori paludosum turfosum ↗ Betuletum pubescentis" stelle.

Zu dieser *Betula pubescens - Vaccinium Vitis-idaea* - Assoziation stellt H. Osvald auch die Preißelbeer-reichen Birkenwälder der mehr oder weniger trockenen Silikatböden, deren Waldverwüstungsstadien ich zum „VACCINIETUM Vitis-idaeae silicicolum", also zu einer anderen ökologischen Gruppe stelle.

Die Krähenbeer-Heiden als Vegetationsentwicklungstypen

(Empetretum)*)

Von Erwin Aichinger

Die Krähenbeer-Heide treffen wir vom Meeresstrand bis weit in die alpine Stufe auf trockenen bis nassen Böden in sonniger und schattiger, schneearmer und schneereicher Lage auf mehr oder weniger nährstoffarmen, sauren Böden an.

Es ist daher nicht möglich, alle von der Krähenbeer-Heide beherrschten Bestände einer Pflanzengesellschaft zuzuteilen.

Im Sinne der Charakterartenlehre müssen wir den ganzen floristischen Aufbau mit heranziehen und dürfen nur diejenigen Krähenbeerbestände einer und derselben Assoziation zuteilen, welche durch dieselben Charakterarten ausgezeichnet sind.

So beschreibt Braun-Blanquet 1926 die Krähenbeer-Heide als Empetreto-Vaccinietum und stellt z. B. in der Bearbeitung der Pflanzengesellschaften Rätiens als Assoziations-Charakterarten hinaus: *Empetrum hermaphroditum, Lycopodium alpinum, Cladonia uncialis.*

Wichtigere Begleiter dieses Empetreto-Vaccinietum sind nach Braun-Blanquet, nach ihrer Wichtigkeit geordnet:

Vaccinium uliginosum, Vaccinium Myrtillus, Homogyne alpina, Leontodon helveticus, Loiseleuria procumbens, Avena versicolor (= Helictotrichon versicolor), Vaccinium Vitis-idaea, Hieracium alpinum ssp. *Halleri* und von Kryptogamen: *Hylocomium proliferum (= H. splendens), Dicranum neglectum, Pleurozium Schreberi, Cladonia rangiferina, Cladonia silvatica, Cetraria islandica, Cladonia gracilis* v. *elongata.*

Braun-Blanquet unterscheidet drei Subassoziationen:

a) Subassoziation hylocomietosum Pallm. u. Haffter 1933.

Etwas besser windgeschützt, feuchter und länger schneebedeckt. Moose, besonders *Hylocomium proliferum (= H. splendens)* und *Pleurozium Schreberi,* dominieren in der Bodenschicht, der Boden ist meist unreifes Podsol im Übergang zum Humuspodsol. Eine moosarme Variante herrscht an trockeneren, stärker besonnten Stellen.

b) Subassoziation cetrarietosum Pallm. u. Haffter 1933.

Strauchflechten (besonders *Cladonia rangiferina, Cladonia silvatica, Cladonia elongata, Cladonia pleurota, Cetraria islandica)* dominieren in der

*) Es werden hier die Zwergstrauchheiden von *Empetrum hermaphroditum* ebenso besprochen wie diese von *Empetrum nigrum.*

Bodenschicht, der Standort ist dem Windeinfluß stärker ausgesetzt; die Subassoziation nähert sich auch floristisch dem Loiseleurieto-Cetrarietum cladonietosum. Der Boden ist ein aklimatischer Humussilikatboden. Unter aklimatischer Bodenbildung verstehen wir die Verwitterung und Bodenbildung in ihrer Abhängigkeit von geologischem Untergrund und sonstigen inneren Enklaven. Die klimatische Bodenbildung ist weitgehend vom Klima abhängig.

c) Subassoziation vaccinietosum.

Diese Subassoziation ist eine moos- und flechtenarme Subassoziation, deren Oberschicht zur Hauptsache aus *Vaccinium uliginosum* mit *Vaccinium Myrtillus* gebildet wird. *Empetrum* fehlt oder ist spärlich vorhanden.

Daraus erfahren wir, daß *Empetrum hermaphroditum* gar nicht vorhanden sein muß, sondern ausschließlich der Bestand an Charakterarten dafür entscheidend ist, ob wir es mit einem Empetreto-Vaccinietum zu tun haben.

Jede Pflanzengesellschaft, in welcher die Charakterarten *Empetrum hermaphroditum, Lycopodium alpinum, Cladonia uncialis* vorkommen, wird zum Empetreto-Vaccinietum gestellt.

So sehr ich den Wert der Charakterarten schätze, so leidet die Erfassung der Assoziationen, wenn diese ausschließlich auf Grund von Charakterarten gefaßt werden, doch dadurch, daß ihre syngenetische Stellung so gar nicht berücksichtigt wird. Aber gerade diese Frage ist für die praktische Bedeutung von größter Wichtigkeit und schließlich können diese Charakterarten in Pflanzengesellschaften vorkommen, welche mit dem Empetreto-Vaccinietum syngenetisch verbunden sind.

So treffen wir *Empetrum hermaphroditum, Lycopodium alpinum* und *Cladonia uncialis* da und dort auch im Loiseleurietum cetrariosum und *Empetrum hermaphroditum* im Rhodoreto-Vaccinietum.

Andererseits treffen wir Einzelbestände des Empetreto-Vaccinietum, denen selbst *Empetrum* fehlt, wie z. B. in der Subassoziation vaccinietosum.

Syngenetisch steht das Empetreto-Vaccinietum auf Silikatboden mit allen möglichen Zwergstrauchheiden in Beziehung. Auch auf Kalkboden vermag es in der *Dryas*-Heide, *Salix retusa-, Salix reticulata-* und *Arctous alpina*-Heide aufzukommen.

Neben dieser primären Entwicklung kann es auch ein Waldverwüstungsstadium des Lärchenwaldes (Laricetum), des Lärchen-Zirbenwaldes (Laricetum-Pinetum Cembrae) und des Latschenwaldes (Pinetum Mugi), aber auch ein Verwüstungsstadium des Rostalpenrosen-Heidelbeer-Bestandes (Rhodoreto-Vaccinietum) sein.

Diese syngenetische Stellung soll daher nicht nur berücksichtigt, sondern auch in der Nomenklatur ausgedrückt werden, wenn diese erfaßt werden kann.

Rhodoreto-Vaccinietum mugetosum Br.-Bl. 1939 ↘
Empetreto-Vaccinietum hylocomietosum Pallm. u. Haffter 1933

oder:

Rhodoreto-Vaccinietum cembretosum Pallm. u. Haffter 1933 ↘
Empetreto-Vaccinietum hylocomietosum Pallm. u. Haffter 1933

oder:

Rhodoreto-Vaccinietum extrasilvaticum Pallm. u. Haffter 1933 ↘
Empetreto-Vaccinietum cetrarietosum Pallm. u. Haffter 1933

oder:

Loiseleurieto-Cetrarietum cladinetosum Pallm. u. Haffter 1933 ↗
Empetreto-Vaccinietum cetrarietosum Pallm. u. Haffter 1933

oder:

Dryas octopetala-Stadium ↗ Empetreto-Vaccinietum Br.-Bl. 1926

oder:

Salix retusa-Stadium ↗ Empetreto-Vaccinietum Br.-Bl. 1926

oder:

Salix reticulata-Stadium ↗ Empetreto-Vaccinietum Br.-Bl. 1926

oder:

Arctous alpina-Stadium ↗ Empetreto-Vaccinietum Br.-Bl. 1926.

Daraus ersehen wir, daß es auch bei Fassung der *Empetrum*-Heiden im Sinne der Charakterartenlehre möglich ist, die syngenetische Stellung in der Nomenklatur zu berücksichtigen.

Die fennoskandinavischen Forscher haben ebenfalls viele *Empetrum nigrum*-Heiden auf Grund konstant vorkommender Dominanten gefaßt.

So unterscheidet z. B. H. Oswald im Hochmoorgebiet Komosse:

1. eine *Betula alba - Empetrum nigrum - Cladonia rangiferina - silvatica* - Ass.,
2. eine *Pinus silvestris - Empetrum nigrum* - Ass.,
3. eine *Pinus silvestris - Empetrum nigrum - Hylocomium parietinum - proliferum* - Ass.,
4. eine *Empetrum nigrum - Cladonia rangiferina* - Ass.,
5. eine *Empetrum nigrum* - Ass.,
6. eine *Empetrum nigrum - Hylocomium parietinum - proliferum* - Ass.,
7. eine *Empetrum nigrum - Sphagnum fuscum* - Ass.,
8. eine *Empetrum nigrum - Sphagnum imbricatum* - Ass.

Alle diese Assoziationen sind nicht etwa Pioniergesellschaften, sondern als Glieder einer Entwicklungsserie aufzufassen.

So ist z. B. nach E. Du Rietz da und dort die *Empetrum - Sphagnum fuscum* - Ass. ein Glied der Vegetationsentwicklung von der *Eriophorum vaginatum - Sphagnum balticum* - Ass. zur *Empetrum - Cladonia rangiferina* - Ass. und manche *Empetrum*-Heide ist ein Waldverwüstungsstadium eines *Empetrum*-reichen *Pinus silvestris*- oder *Betula alba*-Waldes.

Es wäre daher zu begrüßen, wenn die syngenetische Stellung der verschiedenen *Empetrum*-Assoziationen, so weit dies möglich ist, von den fennoskandinavischen Pflanzensoziologen auch in der Nomenklatur zum Ausdruck gebracht werden würde.

Da es nun für die land- und forstwirtschaftliche Praxis nicht immer möglich ist, die Charakterarten der verschiedenen Pflanzengesellschaften zu kennen und auf Grund dieser die Pflanzengesellschaften zu erfassen und es auch nicht möglich ist, alle Assoziationen auf Grund der konstant vorkommenden Dominanten zu erfassen, versuchte ich, die verschiedenen *Epetrum*-Heiden physiognomisch-floristisch zu erfassen und diese ökologisch-floristisch und syngenetisch-floristisch aufzugliedern.

Nach diesem System stelle ich alle Heiden, deren oberste Schicht vom *Empetrum* beherrscht wird, zur

Obergruppe: EMPETRETUM.

Innerhalb dieser stelle ich vier ökologische Gruppen auf:

I. Gruppe: Die Krähenbeer-Heiden auf basischer Bodenunterlage
EMPETRETUM calcicolum.

II. Gruppe: Die Krähenbeer-Heiden auf silikatischer Bodenunterlage
EMPETRETUM silicicolum.

III. Gruppe: Die Krähenbeer-Heiden der Hochmoorböden
EMPETRETUM turfosum.

IV. Gruppe: Die Krähenbeer-Heiden anmooriger Böden
EMPETRETUM paludosum turfosum.

Wenn es auch innerhalb dieser Gruppen Übergänge gibt, wie z. B. auf den Mischböden kalkigen, silikatischen Gesteins und den Hochmoor- und anmoorigen Böden, so erfolgt die Zuteilung zu diesen ökologischen Gruppen verhältnismäßig leicht.

Im allgemeinen lassen sich die einzelnen Gruppen, wie im Text aufgezeigt, durch Gruppen-Differenzialarten trennen.

I. Gruppe:

Die Krähenbeer-Heiden auf mineralisch-basischer Bodenunterlage.

Diese haben sich entweder primär entwickelt oder sind Verwüstungsstadien verschiedener Zwergstrauch-Heiden oder Wälder.

Demnach müssen wir trennen:

A. Die primären Krähenbeer-Heiden auf basischer Bodenunterlage,

↗ EMPETRETUM calcicolum.

Braun-Blanquet zeigt in seinen Studien über die „Vegetationsentwicklung und Bodenbildung in der alpinen Stufe der Zentralalpen" auf: „Auf kalkreicher Unterlage kann sich das Empetreto-Vaccinietum in *Dryas-*, *Salix retusa-*, *Salix reticulata-*, *Arctous alpina* - Teppichen einnisten. *Vaccinium uliginosum,* öfter mit *Vaccinium Myrtillus* vermischt, erlangt nach und nach das Übergewicht und die unausbleibliche Versauerung der Rhizosphäre vertreibt *Salix reticulata, Dryas* und etwaige basiphile Arten, während sich nach und nach die azidiphilen Begleiter des Empetreto-Vacciniеtums einstellen. Sehr lange hält *Salix retusa* stand, vielleicht, weil sie sehr tief im basischen Untergrund wurzelt."

B. Die sekundären Krähenbeer-Heiden auf basischer Bodenunterlage, ↘ EMPETRETUM calcicolum.

Einen solchen Krähenbeerbestand konnte ich in 1900 m Seehöhe am östlichen Bärensattel untersuchen und stellte am 5^0 geneigten Nordhang auf 4 m^2 folgenden floristischen Aufbau fest:

Empetrum hermaphroditum	3.3	*Agrostis rupestris*	+
Vaccinium Vitis-idaea	2.3	*Hylocomium splendens*	1.2
Vaccinium Myrtillus	2.2	*Rhytidiadelphus triquetrus*	+
Vaccinium uliginosum	+	*Pleurozium Schreberi*	+
Luzula albida	+	*Dicranum scoparium*	+
Arctous alpina	+	*Cladonia rangiferina*	+
Pinus Mugo	+	*Cetraria islandica*	+
Lonicera coerulea	+	*Thamnolia vermicularis*	+
Campanula Scheuchzeri	+	*Cladonia gracilis*	+
Homogyne alpina	+	*Cladonia silvatica*	+
Carex atrata	+	*Polytrichum juniperinum*	+

Aus vergleichenden Untersuchungen erfahren wir, daß unsere Krähenbeer-Heide ein Waldverwüstungsstadium eines Heidelbeerreichen Latschenbestandes ist, welcher im Interesse der Weidebeschaffung niedergeschlagen wurde. Wird dieser Bestand ungeregelt beweidet, so entwickelt er sich zu einem Bürstlingrasen, wird er nicht beweidet, so kommen wieder Latschen auf und leiten neuerdings zum Latschenbuschwald über.

Wir haben hier also eine Krähenbeer-Heide vor uns, welche nach Abhieb des Heidelbeer-reichen Latschenbuschwaldes aufgekommen ist und sich wieder zum Latschenbuschwald aufwärts entwickeln wird. Ich stelle daher diese Krähenbeer-Heide im Sinne meiner Vegetationsentwicklungstypen zum

Pinetum Mugi calcicolum myrtillosum ↘ EMPETRETUM ↗ Pinetum Mugi.

Der anschließende Latschenbestand zeigt folgenden floristischen Aufbau:

Pinus Mugo	5.5	*Empetrum hermaphroditum*	+.2
Vaccinium Myrtillus	4.3	*Valeriana montana*	+.2
Vaccinium Vitis-idaea	2.2	*Dryopteris austrica* subsp. *dilatata*	+.2
Oxalis Acetosella	2.2	*Symphytum tuberosum*	+.2
Calamagrostis villosa	1.2	*Viola biflora*	+.2
Lycopodium annotinum	1.2	*Solidago Virgaurea* subsp. *alpestris*	+.2
Homogyne alpina	1.1	*Rhododendron hirsutum*	+.2
Dentaria enneaphyllos	1.1	*Adenostyles Alliariae*	+
Luzula silvatica	1.1	*Cicerbita alpina*	+
Athyrium alpestre	1.1	*Doronicum austriacum*	+
Sorbus Chamaemespilus	1.1	*Saxifraga rotundifolia*	+
Lonicera coerulea	1.1	*Myrrhis odorata*	+
Alnus viridis	1.1	*Stellaria nemorum*	+
Lonicera nigra	+.2		
Sorbus aucuparia	+.2		
Rosa pendulina	+.2		

Geranium silvaticum	+	*Hylocomium splendens*	1.2
Heliosperma alpestre	+	*Pleurozium Schreberi*	+
Polystichum Lonchitis	+	*Cetraria islandica platyphyllos*	+
Moosschicht:		*Thamnolia vermicularis*	+
Rhytidiadelphus triquetrus	3.3		

Die Aufnahme dieses Latschenbuschwaldes ist darum so interessant, weil sie zeigt, wie sehr in flach geneigter schneereicher Lage der bodenbasische Latschenbuschwald durch seinen Bestandesabfall eine so dicke, saure, isolierende Rohhumusschicht aufgebaut hat, daß die wenigen basiphilen Arten (*Rhododendron hirsutum, Heliosperma alpestre, Polystichum Lonchitis*) schon fast zurückgedrängt wurden (Pinetum Mugi basiferens ↗ Pinetum Mugi calcicolum acidiferens). Sie ist aber auch deshalb interessant, weil der Latschenbuschwald schon sehr die Entwicklungstendenz zum Grünerlenbuschwald erkennen läßt (Pinetum Mugi calcicolum acidiferens alnetosum viridis ↗ Alnetum viridis pinetosum Mugi). Als Unterscheidungsarten dieser besonderen Ausbildung treten auf: *Alnus viridis, Adenostyles Alliariae, Cicerbita alpina, Athyrium alpestre, Dentaria enneaphyllos, Doronicum austriacum, Stellaria nemorum, Geranium silvaticum, Saxifraga rotundifolia, Myrrhis odorata).*

Das reichliche Auftreten des Sauerklees *(Oxalis Acetosella)* und Kranzmooses *(Rhytidiadelphus triquetrus)* gibt uns den Hinweis, daß durch die Tätigkeit des Bodenlebens langsam der saure Rohhumusboden in milden Humusboden übergeführt wird und damit der Wasser- und Nährstoffhaushalt steigt.

In diesem Zusammenhange möchte ich darauf hinweisen, daß die Grünerle niemals in den bodenbasischen Latschenbuschwald kommen kann, vermutlich weil ihr der Boden zu basisch und wasserdurchlässig ist. Sie kommt erst dann in den Latschenbuschwald, wenn ein saurer Rohhumus eine isolierende Schicht gebildet und damit den Wasserhaushalt gehoben hat.

Wird nun unser Heidelbeer-reicher Latschenbuschwald niedergeschlagen, so verlieren im Freistand die anspruchsvollen krautigen Pflanzen ihre Lebenskraft und werden von den anspruchslosen Rohhumuspflanzen der Krähenbeer-Heide zurückgedrängt.

Würden diese Bestände nicht immer wieder niedergeschlagen werden, so würde sich früher oder später sicherlich ein Lärchen-Fichten-Mischwald durchsetzen.

Wirtschaftliche Folgerungen: Das Niederschlagen der Heidelbeer-reichen Latschenbestände wird der ungeregelt betriebenen Weidewirtschaft keinen Erfolg bringen, wenn nicht düngende Maßnahmen auf die Schwendung folgen.

Erst dann, wenn die Grünerlen sich im Latschenbestand ganz durchgesetzt haben und an Stelle der bodensauren Rohhumuspflanzen anspruchsvolle krautige Pflanzen getreten sind, kann eine Schwendung des Buschwaldes auch ohne düngende Maßnahmen Erfolg bringen. Sonst ist es besser, die Latschenbestände ganz in Ruhe zu belassen, damit sie sich zu wertvollen Lärchen-Fichten-Mischwäldern entwickeln können.

Eine andere sekundäre Krähenbeer-Heide auf basischer Bodenunterlage untersuchte ich auf einer eben gelegenen Felskanzel der Zunderwand ober der Erlacheralm ob Radenthein in Kärnten, 2100 m hoch gelegen, auf Kalkboden.

Floristischer Aufbau:

Empetrum hermaphroditum	5.5	*Rhododendron ferrugineum*	$+^{00}$
Vaccinium uliginosum	4.5^{0}		
Vaccinium Vitis-idaea	2.2	*Hylocomium splendens*	2.2^{0}
Salix reticulata	1.2	*Pleurozium Schreberi*	1.2^{0}
Pulsatilla alpina	1.2	*Dicranum scoparium*	+.2
Helictotrichon versicolor	1.2	*Lophozia lycopodioides*	+.2
Homogyne alpina	1.2	*Ptilium crista-castrensis*	+.2
Calamagrostis villosa	+.2	*Rhytidiadelphus triquetrus*	$+.2^{0}$
Festuca Halleri	+.2	*Cetraria islandica*	1.2
Campanula Scheuchzeri	+.2	*Cladonia silvatica*	+.2
Lycopodium alpinum	+.2	*Cladonia elongata*	+.2
Pinus Cembra	$+^{0}$		

Diese Krähenbeer-Heide stellt insoferne einen Sonderfall dar, als sie im Rohhumusboden des ehemaligen Rostalpenrosen-reichen Lärchen-Zirbenwaldes auf Kalkunterlage siedelt.

Aus vergleichenden Untersuchungen geht hervor, daß nach dem Kahlschlag die Moorheidelbeere im sauren Rohhumus aufgekommen ist und daß sich im Rückzugsstadium der Rostalpenrosen-Heide die Krähenbeer-Moorheidelbeer-Heide ausgebreitet hat.

Ich vermute, daß in diesem Bestande die Zirbe wieder aufkommen wird und im Schutze dieses vorerst dürftigen Buschwaldes sich die Rostalpenrose, hinreichenden Schneeschutz findend, hinzugesellen wird.

Somit stelle ich diesen Bestand im Sinne meiner Vegetationsentwicklungstypen zum:

Rhodoretum ferruginei pinetosum Cembrae ↘ Vaccinieto uliginosi-EMPETRETUM hermaphroditi calcicolum ↗ (Pinetum Cembrae).

Wenn jedoch infolge der Beweidung Schafherden mit mehr als hundert Stück immer wieder über diese Flächen kommen, so müssen wir annehmen, daß da und dort der Boden geöffnet und durch Winderosion der Rohhumus weggetragen wird. Dann können wieder basiphile Arten aufkommen, die, mit ihren Wurzeln sich in den basischen Untergrund verklammernd, eine weitere Bodenerosion verhindern.

Wenn dann die Zirbe aufkommt, dann kommt auch in ihrem Schneeschutze die basiphile Alpenrose, *Rhododendron hirsutum,* auf.

Wirtschaftliche Folgerungen: Auch hier haben wir erfahren, wie sehr sich an der oberen Waldgrenze Kahlschlag und Weideraubwirtschaft verheerend auswirken. Erst in vielen Jahrhunderten kann bei pfleglicher Wirtschaft an eine Wiederbewaldung gedacht werden, wenn nicht mit künstlichen Windschutzvorrichtungen die Waldkulturmaßnahmen unterstützt werden.

Dies gilt jedoch nur für diesen Krähenbeer-Heidebestand, welcher in windoffener Lage mit dem Zirbenwald in Beziehung steht und von der Moorheidelbeere mitbeherrscht wird.

Es folgen nun einige Krähenbeer-Bestände windgeschützter schneereicher Lagen aus den Karawanken, welche nach Abhieb der Latschenbestände sekundär aufgekommen sind.

Schließlich bringe ich noch den floristischen Aufbau von vier weiteren Krähenbeer-Heiden, welche auf basischer Bodenunterlage siedeln und Verwüstungsstadien des *Pinus Mugo*-Bestandes sind.

F l o r i s t i s c h e r   A u f b a u :

Nr. der Aufnahme	1	2	3	4
Meereshöhe in Metern	1700	1910	2060	2080
Neigung in Graden	5	eben	5	25
Himmelslage	N		NW	NW
Empetrum hermaphroditum	3.2	5.5	4.5	3.4
Vaccinium Myrtillus	2.2	1.2	2.1	3.3
Vaccinium Vitis-idaea	2.2	1.2	2.1	3.3
Agrostis rupestris	+	+	+	1.2
Vaccinium uliginosum	+	+	+	+
Arctous alpina	2.1	+		1.1
Rhododendron hirsutum	+	+	1.2	
Polygonum viviparum	+		+	1.1
Homogyne alpina		+	2.1	
Bartschia alpina			1.1	+
Calamagrostis villosa		+	+	
Luzula albida		+		
Hieracium Lachenalii		+		
Cetraria islandica	2.1	+	3.2	2.1
Cladonia silvatica	2.2	+	2.2	1.1
Cladonia rangiferina	+	2.2	+	1.1
Cladonia gracilis	2.2	+	+	+
Rhytidiadelphus triquetrus	1.1	1.1	1.2	
Hylocomium splendens	2.3		1.2	+
Polytrichum juniperinum	1.1			+
Dicranum scoparium	2.2			
Peltigera aphthosa	+			

D i e   A u f n a h m e   N r. 1 entstammt einer Latschenrodungsfläche, und zwar östlich der Klagenfurter Hütte am Wege zum Matschacher Sattel. Diese Aufnahme enthielt ferner: *Carex capillaris, Carex atrata, Salix retusa, Lycopodium Selago, Rhododendron intermedium,* also lauter Arten, welche lange Schneebedeckung erkennen lassen.

A u f n a h m e   N r. 2 : Eine Krähenbeer-Heide, Empetretum, in mehr oder weniger windgeschützter ebener Lage am Mallestiger Mittagskogel in 1910 m Seehöhe. – Die Latschen wurden im Jahre 1921 gelegentlich des Grenzaushiebes Österreich–Jugoslawien geschlagen. Nach Norden zieht sich ein latschenbedeckter Rücken, der im Winter mit Schneewächten überdeckt ist. Der Rücken ist sehr lichtumflossen, weshalb hier in die Latschen auch die Krähenbeere hineinkommt. Werden die Latschen geschlagen, so kann sich *Empetrum* leicht ausbreiten.

Wir haben hier eine windgeschütztere Ausbildung des Empetretums mit reichlicher Schneebedeckung vor uns, welche ein Waldverwüstungsstadium des Latschenbuschwaldes (Pinetum Mugi) ist und sich wieder zu diesem Buschwald entwickeln würde.

Ich stelle sie daher zum:

Pinetum Mugi calcicolum myrtillosum ↘ EMPETRETUM hermaphroditi ↗ Pinetum Mugi.

Bezeichnend für diese windgeschützte Ausbildung mit langer Schneebedeckung ist, daß die alpinen, anemophilen Arten fehlen, dafür aber die typischen Waldrelikte auftreten, wie z. B. *Vaccinium Myrtillus, Hieracium Lachenalii.* –

Die Aufnahmen Nr. 3 und 4 stammen vom Hochobir in den Karawanken und besitzen über dem Rohhumusboden eine 60 cm dicke Rohhumusauflageschicht.

Schematische Darstellung der Vegetationsentwicklung.

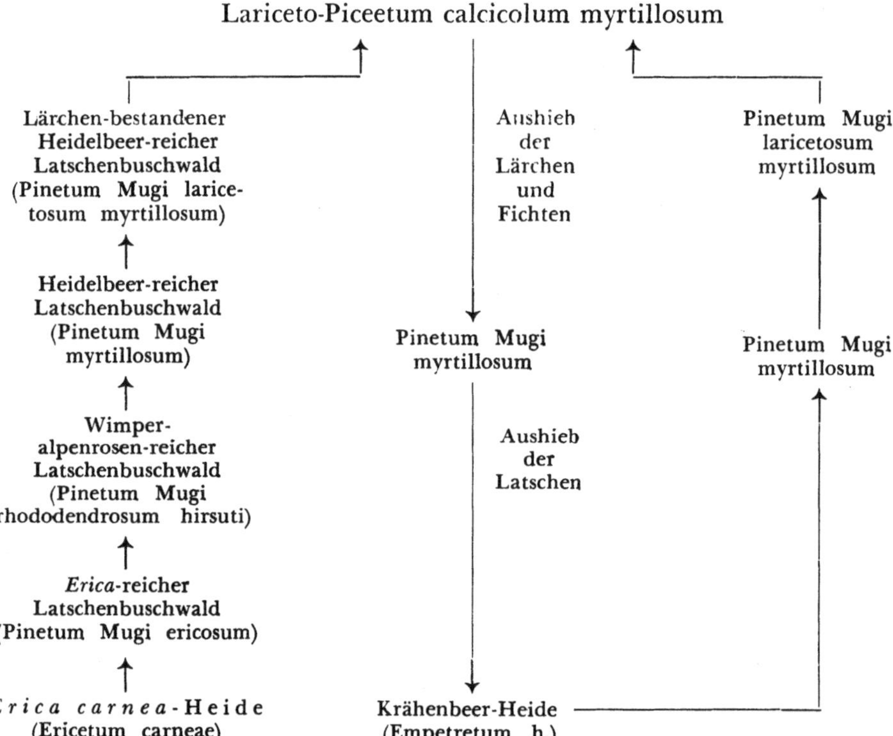

Wirtschaftliche Folgerungen. Wir sehen, daß diese Krähenbeer-Bestände (welche nach Vernichtung der Latschenbestände aufgekommen sind) trotz Abhieb der Latschen im Interesse der Weidenutzung keine besseren Weideverhältnisse geschaffen haben.

Hätte man noch kleinere Latschenhorste geschlagen, so wäre eine Rostalpenrosen-Heidelbeer-Heide geblieben. Hätte man aber auf großer Fläche die Latschenbestände geschwendet, so hätte sich die Gemsheide (Loiseleurietum) sekundär ausgebreitet.

So ersehen wir daraus, daß in floristischer und ökologischer Hinsicht das Empetretum eine mittlere Stellung zwischen dem Loiseleurietum und Rhodoreto-Vaccinietum einnimmt und wir es geradezu in der Hand haben, je nach Windausgesetztheit und Auswahl der Größe der Schwendungsfläche einen Alpenrosen-Heidelbeer-, einen Krähenbeer- oder einen Gemsheide-Bestand zu erreichen.

Jeder Abhieb des Latschenbestandes (Pinetum Mugi acidiferens) im Verbreitungsgebiete der Krähenbeer-Heiden im Interesse der Weidewirtschaft hätte nur dann einen Sinn, wenn der Schwendung Bodenkalkung und düngende Maßnahmen auf dem Fuße folgen würden.

II. Gruppe.

Die Krähenbeer-Heiden auf silikatischer Bodenunterlage.

Diese haben sich entweder primär entwickelt oder sind Verwüstungsstadien verschiedener Zwergstrauch-Heiden oder Wälder. Demnach müssen wir trennen:

A. Die primären Krähenbeer-Heiden auf silikatischer Bodenunterlage.

EMPETRETUM silicicolum.

Einen *Arctous alpina*-reichen *Empetrum nigrum*-Bestand untersuchte Braun-Blanquet am 20° N geneigten Verrucano-Schutthang des Piz Dora (Münstertal der Schweiz) in 2200 m Seehöhe und fand folgenden floristischen Aufbau:

Empetrum nigrum	3.2
Arctous alpina	2.3
Vaccinium uliginosum	2.2
Loiseleuria procumbens	2.2
Homogyne alpina	1.1
Leontodon helveticus	1.1
Deschampsia flexuosa	1.1
Vaccinium Myrtillus	+
Vaccinium Vitis-idaea	+
Phyteuma hemisphaericum	+
Euphrasia minima	+
Melampyrum pratense var.	+
Rhododendron ferrugineum	(+)
Lycopodium Selago	(+)
Anthoxanthum odoratum	(+)
Luzula silvatica ssp. *Sieberi*	(+)
Pinus Cembra	1 Keimling

Moosschicht:

Cetraria islandica	2.1
Cladonia rangiferina	1.1
Cladonia silvatica	1.1
Hylocomium splendens	1.2
Hylocomium Schreberi (= *Pleurozium Schreberi*)	1.2
Lophozia lycopodioides	1.1
Cladonia pyxidata	+
Cladonia gracilis	+
Peltigera aphthosa	+
Psoroma hypnorum	+
Dicranum Mühlenbeckii	+
Rhytidiadelphus triquetrus	(+)

Dieser Bestand besiedelt einen Boden, der 27,5% Humus besitzt und einen pH-Wert von 4,7 hat.

Ich vermute, daß es sich hier um einen Empetreto-Vaccinietum-Bestand handelt, welcher im *Arctous alpina*-Bestand aufgekommen ist und sich weiter zum Rhodoreto-Vaccinietum entwickelt. Stimmt meine Annahme, so haben wir im Sinne meiner Vegetationsentwicklungstypen ein „Arctoëtum alpinae ↗ EMPETRETUM nigri ↗ Rhodoreto-Vaccinietum" vor uns.

H. Pallmann und P. Haffter haben in Ihren pflanzensoziologischen und bodenkundlichen Untersuchungen hinausgestellt, daß die Krähenbeer-Heide in floristischer und ökologischer Hinsicht zwischen dem Gemsheide-Bestand (Loiseleurietum) und dem Rostalpenrosen-Bestand (Rhodoretum ferruginei) steht.

Das Loiseleurietum benötigt viel weniger Schneeschutz als das Rhodoretum ferruginei und liegt daher windausgesetzter. Das Loiseleurietum besitzt dagegen eine kleinere Bodenazidität und steigt um vieles höher hinauf als das Rhodoretum.

So untersuchten H. Pallmann und P. Haffter eine 3 m² umfassende alpine Krähenbeer-Moorbeerengesellschaft in einer flachgründigen Mulde nördlich der Muottas Murail bei 2480 m Seehöhe; also zweifellos über der klimatischen Waldgrenze.

Sie zeigt folgenden floristischen Aufbau:

Empetrum hermaphroditum	3.3
Vaccinium uliginosum	2.2
Leontodon helveticus	2.1
Loiseleuria procumbens	1.2
Homogyne alpina	1.1
Helictotrichon versicolor	1.1
Carex curvula	+.2
Luzula lutea	+.2
Potentilla aurea	+
Ligusticum Mutellina	+
Gentiana punctata	+
Euphrasia minima	+
Vaccinium Vitis-idaea	+⁰
Vaccinium Myrtillus	+⁰
Moosschicht:	
Cetraria islandica	2.3
Dicranum scoparium	+.2
Dicranum Mühlenbeckii	+.2
Cladonia silvatica	+.2
Cladonia macrophyllodes	+.2
Polytrichum juniperinum	+

In diesem über der Waldgrenze liegenden Einzelbestande sehen wir viele Arten der vorwiegend alpinen Stufe (*Helictotrichon versicolor, Carex curvula, Leontodon helveticus, Loiseleuria procumbens*) neben den allerdings wenig lebenskräftigen Arten der Waldstufe (*Vaccinium Myrtillus, Vaccinium Vitis-idaea*).

Eine solche Krähenbeer-Heide untersuchte ich auf ebenem Fels in 1810 m Seehöhe ober Planggeros im Pitztal.

Floristischer Aufbau:

Empetrum hermaphroditum	4.5
Vaccinium uliginosum	3.3
Loiseleuria procumbens	2.3
Juniperus sibirica	2.3
Vaccinium Vitis-idaea	2.2
Agrostis rupestris	1.1
Lycopodium Selago	+.2

Phyteuma hemisphaericum	+.2
Lycopodium alpinum	+.2
Leontodon helveticus	+.2
Helictotrichon versicolor	+.2
Deschampsia flexuosa	+.2
Pinus Cembra	+

Moosschicht:

Dicranum scoparium	1.3
Hylocomium splendens	1.2
Lophozia lycopodioides	+.2
Cetraria islandica	+.2
Cladonia rangiferina	+.2
Cladonia silvatica	+.2

Wenn wir diese Krähenbeer-Heide in bezug auf ihre Umwelt mit dem benachbarten Rostalpenrosen-Heidelbeer-Bestand vergleichen, so kommen wir zur Überzeugung, daß unsere Krähenbeer-Heide infolge ihrer windausgesetzten Lage einen viel kürzeren Schneeschutz besitzt als die Rostalpenrosen-Heide und daher in unserem Bestand die schneeschutzbedürftigen Arten, wie z. B. *Vaccinium Myrtillus, Linnaea borealis, Lycopodium annotinum, Lonicera nigra, Ribes petraeum, Thelypteris Dryopteris, Pinus Mugo, Solidago Virgaurea* subsp. *alpestris,* fehlen.

Allerdings ist der ebene Felsboden nicht so windausgesetzt, daß die Krähenbeer-Heide vom Gemsheide-Bestand verdrängt werden könnte. Deshalb fehlen auch in unserem Bestande die für die flechtenreiche Gemsheide so bezeichnenden Arten windausgesetzter Örtlichkeiten wie z. B. *Thamnolia vermicularis, Alectoria ochroleuca, Cetraria nivalis, Cetraria cucullata, Cetraria crispa.*

Welchen Weg geht hier die Vegetationsentwicklung?

Aus vergleichenden Untersuchungen erfahren wir daß wir es hier nicht etwa mit einem Waldverwüstungsstadium zu tun haben, sondern mit einer primären Aufwärtsentwicklung.

Der silikatische ebene Felsboden wurde vorerst von einer Gemsheidegesellschaft besiedelt. Diese baute Humus auf und bot damit der Moorheidelbeere die Möglichkeit, in diesem sehr sauren (pH 3.5–4.0) Humussilikatboden aufzukommen (Loiseleurietum vaccinietosum uliginosi).

Hier blieb aber die Vegetationsentwicklung nicht stehen, denn in zunehmendem Maße wurde saurer Humusboden aufgebaut und der Wasserhaushalt des Bodens wurde gehoben. Damit konnte sich die Krähenbeere einfinden und mit ihr *Juniperus sibirica, Vaccinium Vitis-idaea, Lycopodium Selago, Deschampsia flexuosa.*

Und schon erfahren wir, wohin die weitere Vegetationsentwicklung strebt, denn auf ebenen Felsköpfen in der Umgebung unseres Bestandes mit etwas vorgeschrittenerer Humusbildung hat sich schon die Zirbe eingefunden und hat damit die Waldentwicklung zum Zirbenwald eingeleitet. Demnach stelle ich unsere Krähenbeer-Heide im Sinne meiner Vegetationsentwicklungstypen zum:

Vaccinietum uliginosi loiseleurietosum ↗ EMPETRETUM hermaphroditi ↗ Pinetum Cembrae.

Wirtschaftliche Folgerung: Wir haben erfahren, daß innerhalb der Unteren Nadelwaldstufe sehr flachgründige windausgesetzte Humussilikatböden über die Gemsenheide, Moorheidelbeer-Heide und Krähenbeer-Heide primär von der Zirbe bewaldet werden können.

Wir würden zweifellos diese Waldentwicklung wesentlich beschleunigen, wenn es uns gelingen würde, durch pflanzlichen oder natürlichen Windschutz die Windausgesetztheit herabzumildern.

Pflanzlich ginge dies am besten in der Weise, daß in die benachbarten Rostalpenrosen-Heiden Ebereschen eingepflanzt werden. Diese Ebereschen müßten aber vor Wildverbiß und auch vor den Weidetieren geschützt werden.

B. Die sekundären Krähenbeer-Heiden auf silikatischer Bodenunterlage.

↘ EMPETRETUM silicicolum.

H. Osvald untersuchte am 11. August 1918 im Hochmoorgebiet Komosse, und zwar im nördlichen Teil von Riső, einen *Empetrum*-reichen Rotföhrenwald mit folgendem Aufbau:

Pinus silvestris	4+	*Hylocomium proliferum*	
Empetrum nigrum	4	(= *splendens*)	2
Vaccinium Vitis-idaea	3	*Dicranum majus*	1
Calluna vulgaris	1	*Dicranum spurium*	1
Vaccinium Myrtillus	1	*Dicranum undulatum*	1
Vaccinium uliginosum	1	*Polytrichum* cfr. *strictum*	1
		Sphagnum acutifolium	1
Hylocomium parietinum			
(= *Pleurozium Schreberi*)	4+		

Die Rotföhren sind 10 m hoch. Wird dieser Rotföhrenwald niedergeschlagen, so verbleibt vorübergehend eine *Empetrum*-Heide, die ich im Sinne meiner Vegetationsentwicklungstypen zum

Pinetum silvestris empetrosum ↘ EMPETRETUM silicicolum vacciniosum Vitis-idaeae hylocomiosum parietini ↗ Pinetum"

stelle, also zur Krähenbeer-Heide des Silikatbodens, welche ein Verwüstungsstadium des Rotföhrenwaldes ist und sich wieder zu diesem entwickeln würde.

Rolf Nordhagen untersuchte im Sylenegebiet viele *Empetrum*-reiche Flechtenbirkenwälder auf trockenen Moränenhügeln und Sandablagerungen in der Nähe von Nedalen.

Ein solcher hatte auf einem kleinen Hügel nördlich vom Hofe Nedalen in 750 m Seehöhe folgenden Aufbau:

Baumschicht:				
Betula pubescens	4	4	3	3
Zwergstrauchschicht:				
Empetrum nigrum	3	5	4	5
Vaccinium Vitis-idaea	1	1	2	2
Arctous alpina	1	1	1	1
Vaccinium Myrtillus		1	1	1
Deschampsia flexuosa	1	1	1	1

Flechten:				
Cladonia silvatica	5	5	5	5
Cladonia rangiferina	4	2	4	3
Stereocaulon paschale	3	3	3	3
Cladonia gracilis	3	3	2	2
Cladonia uncialis	2	2	1	2
Cetraria nivalis	1	2	1	1
Cladonia alpicola	1	1	1	1
Cladonia bellidiflora	1	1	1	1
Cladonia coccifera	1	1	1	1
Cladonia crispata	1	1	1	
Cladonia pyxidata	1	1	1	1
Cetraria islandica f. *crispa*	1	1	1	1
Cetraria cucullata	1	1	1	
Cladonia deformis			1	1
Alectoria jubata	1		1	
Peltigera aphthosa		1		1
Cladonia alpestris				1
Cladonia degenerans			1	
Alectoria divergens		1		
Alectoria nigricans		1		
Icmadophila aeruginosa			1	
Ochrolechia tartarea			1	
Peltigera malacea		1		
Sphaerophorus coralloides				1
Moose:				
Dicranum scoparium	2	2	2	2
Polytrichum juniperinum	1	1	2	1
Hylocomium Schreberi (= *Pleurozium Schreberi*)	1	1	1	2
Ptilidium ciliare	1	1	1	1
Hylocomium splendens		1	1	1
Rhacomitrium lanuginosum	1	1		
Polytrichum piliferum		1		
Ctenium crista-castrensis (= *Ptilium crista-castrensis*)	1			

Rolf Nordhagen zeigt auf, daß dieser Bestand einen Podsolboden besiedelt. „Unter einer 1–3 cm mächtigen (unter den Birken dickeren) Rohhumusschicht kommt eine wenig mächtige Bleicherde und zu unterst eine rote Rosterde (Eisenpodsol)".

pH-Wert in der Humusschicht 3,9 und 4,2.

„Der Boden ist periodisch sehr trocken und die Schneebedeckung im Winter ist schwach und intermittierend."

Ich vermute, daß diese Birkenwälder Ausschlagwälder sind. Wird ein solcher Birkenwald niedergeschlagen, so verbleibt die *Empetrum nigrum*-Heide als Waldverwüstungsstadium. Eine solche *Empetrum*-Heide stelle ich zum: „Betuletum pubescentis empetrosum nigri silicicolum ↘ EMPETRETUM nigri cladoniosum ↗ Betuletum pubescentis"; also zur Krähenbeer-Heide, welche ein Waldverwüstungsstadium des Moorbirken-Ausschlagwaldes ist und sich wieder zum Birkenausschlagwald entwickelt.

Thore C. E. Fries untersuchte im nördlichsten Schweden in Torne Lappmark verschiedene *Empetrum nigrum*-Hochmoore.

Ein solches Moor zeigte in Karesuando Socken folgenden floristischen Aufbau:

Empetrum nigrum	4	*Cladonia rangiferina* } *Cladonia uncialis* }	3
Rubus Chamaemorus	2		
Andromeda polifolia	2		
Vaccinium Vitis-idaea	2	*Lecanora tartarea*	2
Eriophorum vaginatum	1	*Cetraria nivalis*	1
Vaccinium uliginosum	1	*Cladonia amaurocraea*	1
Oxycoccus microcarpus	1	*Cladonia deformis*	1
		Icmadophila aeruginosa	1
Sphagnum } *Polytrichum* } *Dicranum* }	4		

Ich stelle diesen *Empetrum nigrum*-Hochmoorbestand zum „EMPETRETUM nigri turfosum."

Thore Fries zeigt auf, daß sich dieser Hochmoorbestand durch Austrocknung des Bodens aus dem *Rubus Chamaemorus*-Bestand entwickelt hat. Stimmt diese Annahme, so wäre dieser Bestand zum

„Rubetum Chamaemori ↗ EMPETRETUM nigri turfosum"

zu stellen.

In Nord-Schweden gibt es eine ganze Reihe *Empetrum*-reicher Wälder und somit auch *Empetrum*-Heiden als Verwüstungsstadien dieser Wälder. Im Sarekgebiet allein unterscheidet Tengwall:

1. den *Empetrum*-reichen Moorbirkenwald,
2. die flechtenreiche *Empetrum nigrum*-Heide,
3. die moosreiche *Empetrum nigrum*-Heide.

Im *Empetrum nigrum*-reichen Moorbirkenwald treffen wir außer *Empetrum* insbesondere *Vaccinium uliginosum, Vaccinium Vitis-idaea, Arctous alpina, Arctostaphylos Uva-ursi,* ferner verschiedene *Dicranum*-Arten und *Cladonia*-Arten.

Dieser Birkenwald ist ziemlich xerophil und kommt unter den Birkenwäldern auf den trockensten und meist auf exponierten Örtlichkeiten vor.

Tengwall erwähnt, daß die Birke im *Empetrum*-reichen Birkenwald nur selten einstämmig, sondern meist mehrstämmig, gewöhnlich nur einige (3—6) Meter hoch, mit stark gekrümmten Stämmen und Ästen, vorkommt. Daraus schließe ich, daß die *Empetrum*-reichen Moorbirkenwälder meist Ausschlagwälder sind und ihr Dasein der Waldverwüstung verdanken.

Die moosreiche *Empetrum nigrum*-Heide wird vom Birkenausschlag überwachsen und dann wieder niedergeschlagen, wenn sich seine Nutzung einigermaßen rentiert.

Im Sinne meiner Vegetationsentwicklungstypen sind diese *Empetrum*-Heiden also:

Betuletum pubescentis empetrosum nigrae ↘ EMPETRETUM nigrae ↗ Betuletum pubescentis empetrosum nigrae.

Die flechtenreiche *Empetrum*-Heide hat ihre größte Ausbreitung in kalkarmen Gegenden. Sie ist charakteristisch für schneearme Gebirge. „Auf Moränenhügeln und anderen trockenen glazialen und fluvioglazialen Bildungen, die auf Kalk ausgewässert sind, tritt sie regelmäßig auf. Außerdem trifft man sie oft auf sogenannten Bergnasen, und auf solchen gehen sie hoch hinauf wie überhaupt die zusammenhängende Vegetation. Außer *Empetrum* kommen *Vaccinium uliginosum, Vaccinium Vitis-idaea, Betula nana, Arctous alpina* vor. In der Bodenschicht dominieren Flechten".

Die moosreiche *Empetrum*-Heide unterscheidet sich nicht so sehr in der Artenzusammensetzung als in der Physiognomie. Die Zwergsträucher wachsen nämlich oft in dichten Teppichen oder sind verhältnismäßig hoch und die durch die Flechten verursachte graue Grundfarbe fehlt. Die Moose wachsen oft sehr dicht und bestehen hauptsächlich aus *Dicranum*-Arten. Die moosreiche *Empetrum*-Heide scheint ein wenig mehr Schneeschutz zu brauchen als die flechtenreiche.

III. Gruppe.

Die Krähenbeer-Heiden der Hochmoorböden.

EMPETRETUM turfosum.

Diese Hochmoor-Krähenbeer-Heiden haben sich entweder primär entwickelt oder sind Verwüstungsstadien verschiedener Hochmoorwälder.

A. Die primären Krähenbeer-Heiden der Hochmoorböden.

↗ EMPETRETUM turfosum.

G. Einar du Rietz und Rutger Sernander untersuchten am 13. September 1922 am nordwestlichen Rand vom Stigsbo Rödmosse eine *Empetrum nigrum - Sphagnum fuscum* - Assoziation und fanden folgenden floristischen Aufbau:

Empetrum nigrum	5—	*Mylia anomala*	2
Calluna vulgaris	2	*Cephalozia Loitlesbergeri*	1
Oxycoccus microcarpus (= *Vaccinium Oxycoccos* ssp. *microcarpus)*	2	*Kantia sphagnicola*	1
Oxycoccus quadripetalus (= *Vaccinium Oxycoccos)*	1	*Kantia Trichomanis*	1
Andromeda polifolia	1	*Sphagnum angustifolium*	1
Vaccinium uliginosum	1	*Sphagnum rubellum*	1
Drosera rotundifolia	1	*Cladonia fimbriata simplex*	1
Eriophorum vaginatum	1	*Cladonia fimbriata coniocraea*	1
Rubus Chaemaemorus	1	*Cladonia fimbriata rangiferina*	1
		Cladonia squamosa f. *phyllocoma*	1

M o o s s c h i c h t:

Sphagnum fuscum 5

Im Sinne der schematischen Übersicht über die Sukzession auf der offenen Zentralpartie auf dem Stigsbo Rödmosse von D u R i e t z stelle ich diese *Empetrum*-Heide nach meinen Vegetationsentwicklungstypen zur

Eriophorum vaginatum - Sphagnum balticum - Ass. ↗ EMPETRETUM sphagnosum fusci ↗ Empetretum cladoniosum rangiferinae.

H u g o O s v a l d kommt in seinen Studien über die Vegetation des Hochmoores Komosse zur Überzeugung, daß in die *Calluna*-Flechtenheide *Sphagnum imbricatum* eintritt. Im Verlaufe der Vegetationsentwicklung wird *Calluna* von dem rasch wachsenden *Sphagnum*-Teppich so zugewachsen, daß *Calluna* dünner wird und nur mit den obersten Wipfeln heraussieht.

Die *Sphagnum*-Polster wachsen so lange in die Höhe, bis sie von der *Empetrum*-Flechten-Heide bekleidet sind. O s v a l d meint, daß die meisten hohen Bulten auf diese Weise entstanden sind.

Nach dieser Auffassung stelle ich eine solche *Empetrum*-Heide im Sinne meiner Vegetationsentwicklungstypen zum

„Callunetum sphagnosum imbricatae ↗ Sphagnetum imbricatae ↗ EMPETRETUM nigri turfosum".

Eine solche *Calluna*-Heide untersuchte H. O s v a l d am 2. Juli 1920 in Johansjömömossen nicht weit von Lillö und fand folgenden floristischen Aufbau:

Calluna vulgaris	3	*Sphagnum imbricatum*	5
Empetrum nigrum	2	*Sphagnum acutifolium*	2
Andromeda polifolia	1	*Sphagnum fuscum*	2
Oxycoccus quadripetalus		*Sphagnum magellanicum*	2
(= Vaccinium Oxycoccos)	1	*Sphagnum rubellum*	2
Drosera rotundifolia	1	*Cephalozia* sp.	1
Rubus Chamaemorus	1	*Cladonia rangiferina*	1
Eriophorum vaginatum	1	*Cladonia silvatica*	1

H. O s v a l d schreibt dazu: „Bei irgendeiner Gelegenheit entwickelte sich *Sphagnum imbricatum* kräftig und veranlaßte die Bildung eines 30 cm hohen Polsters von beinahe unhumifiziertem *Sphagnum imbricatum*-Torf über dem ursprünglichen Bulte. Diese *Sphagnum*-Art bildete die Bodenschichte in einer *Calluna - Sphagnum imbricatum* - Assoziation, die dann ausstarb und an deren Stelle die flechtenreiche *Empetrum*-Heide trat."

Daher tritt diese flechtenreiche *Empetrum*-Heide nicht in großen Flächen auf, sondern bildet nach O s v a l d gewöhnlich nur kleine Fragmente auf den Spitzen der Bulten, die kleiner sind als 1 m². „Eine von den wichtigsten ökologischen Bedingungen für sie ist sicher eine zeitige Ausaperung im Frühjahr im Verein mit intermittierender Ausaperung während des Winters".

Ein Bodenprofil eines Bultes, auf dem die *Empetrum*-Flechtenheide ganz neu eingewandert war, zeigt folgenden Aufbau nach H. O s v a l d: Zu oberst 30 cm *Sphagnum imbricatum*-Torf. Dieser wird nur im allerobersten Teile infolge beginnender Humifizierung dunkler. Darunter 5 cm *Calluna*-Flechten-

Heidetorf, ein sehr dichter, beinahe vollkommen zerfallener Wurzelfilz. Darunter 10 cm *Sphagnum fuscum-magellanicum*-Torf.

Daraus ersehen wir klar, daß die *Calluna*-Heide vom *Sphagnum imbricatum*-Bestand eingewachsen wurde und erst jetzt in diesen Torfmoosbestand die *Empetrum nigrum*-Heide einwandert.

Hat sich die *Empetrum*-Heide einmal durchgesetzt, dann werden natürlich die Torfmoose zurückgedrängt.

Eine *Empetrum nigrum*-Heide eines Bultes zeigt im nördlichen Teil von Slätmossen am 19. Juli 1919 folgenden floristischen Aufbau:

	1.	2.
Empetrum nigrum	5	5
Andromeda polifolia	1	1
Oxycoccus quadripetalus (= *Vaccinium Oxycoccos*)	1	1
Rubus Chamaemorus	1	3
Calluna vulgaris	1—	
Eriophorum vaginatum	1—	1
Hylocomium parietinum (= *Pleurozium Schreberi*)	2+	5—
Hylocomium proliferum		2
Cladonia rangiferina	4	
Cladonia silvatica	4	
Cladonia alpestris	1	
Cladonia cyanipes	1	1
Cladonia gracilis v. *chordalis*	1	
Cladonia pyxidata v. *chlorophaea*	1	1
Cladonia uncialis	1	

Aus diesem floristischen Aufbau (ad 1) ersehen wir, daß die Torfmoose völlig zurücktreten.

Wir haben es im Sinne meiner Vegetationsentwicklungstypen hier mit einem „EMPETRETUM turfosum" zu tun, welches sich ursprünglich aus einem *Sphagnum*-reichen Bestande entwickelt hat.

Calluna vulgaris findet hier auf den obersten Bultrücken ökologisch weniger zusagende Verhältnisse als *Empetrum. Andromeda polifolia, Oxycoccus quadripetalus* (= *Vaccinium Oxycoccos*), *Calluna vulgaris* sind wohl als Reste der früheren Entwicklung anzusehen.

Ob sich diese *Empetrum*-Heide im Sinne obiger Ausführungen entwickelt hat, kann ich nicht feststellen.

Aus der floristischen Aufnahme des Bestandes Nr. 2, den H. Osvald in Slätmossen, nördlich von Morkö ängaskog, am 7. September 1918 aufgenommen hat, ersehen wir, daß er einen ähnlichen floristischen Aufbau besitzt, aber sehr moosreich ist.

H. Osvald stellt diesen Bestand zur *Empetrum nigrum - Hylocomium parietinum - proliferum* - Assoziation.

H. Osvald zeigt auf, daß sich dieser moosreiche Bestand wahrscheinlich aus einer *Calluna - Sphagnum* - Assoziation entwickelt hat.

Stimmt diese Annahme, so wäre er im Sinne meiner Vegetationsentwicklungstypen zum

„Callunetum sphagnosum ↗ EMPETRETUM hylocomiosum turfosum"
zu stellen.

Oxycoccus quadripetalus (= Vaccinium Oxcycoccos), Rubus Chamaemorus, Eriophorum vaginatum sind synökologische Differenzialarten der Gruppe

„EMPETRETUM turfosum".

Die Nackten *Empetrum nigrum*-Heiden sind meist nicht natürlich entstanden, sondern siedeln überwiegend auf aufgeworfenem Torf bei Schutzgräben. H. Osvald zeigt auf, daß ihr Zusammenhang mit den übrigen Pflanzengesellschaften des Moores ohneweiteres aus den Relikten zu ersehen ist.

Demgemäß ist auch ihre Artzusammensetzung sehr verschieden.

B. Die sekundären Krähenbeer-Heiden der Hochmoorböden.

↘ EMPETRETUM turfosum.

H. Osvald untersuchte am 15. Juli 1919 im mittleren Teil von Klintömossarna einen *Empetrum nigrum*-reichen Rotföhrenbuschwald mit Fichtenzwischenbestand mit folgendem Aufbau:

Pinus silvestris	4+	*Rubus Chamaemorus*	2+
Picea excelsa	2	*Hylocomium parietinum*	
Empetrum nigrum	5	*(= Pleurozium Schreberi)*	4
Andromeda polifolia	1	*Hylocomium proliferum*	
Oxycoccus quadripetalus		*(= H. splendens)*	4
(= Vaccinium Oxycoccos)	1	*Cladonia rangiferina*	1
Vaccinium Myrtillus	1	*Cladonia silvatica*	1

Die Rotföhren sind 3–4 m hoch, die Fichten 2 m. Wird dieser Rotföhrenmoorwald niedergeschlagen, so verbleibt vorübergehend eine *Empetrum*-Heide, die ich im Sinne meiner Vegetationsentwicklungstypen zum

„Pinetum piceetosum empetrosum ↘ EMPETRETUM hylocomiosum turfosum ↗ Pinetum"

stelle; also zur Krähenbeer-Hochmoorheide, welche ein Waldverwüstungsstadium des Rotföhren-Fichten-Hochmoorwaldes ist und sich wieder zum Rotföhren-Hochmoorwald entwickeln würde.

H. Osvald stellt diesen Hochmoor-Krähenbeer-Bestand zur selben *Pinus silvestris - Empetrum nigrum - Hylocomium parietinum - proliferum* - Assoziation wie den im nördlichen Teil von Risö am 11. August 1918 aufgenommenen Rotföhrenwald des Silikatbodens, und zwar darum, weil in diesen beiden *Pinus silvestris*-Wäldern in der Baumschicht *Pinus silvestris,* in der Zwergstrauchschicht *Empetrum nigrum* und in der Moosschicht *Hylocomium parietinum* (= *Pleurozium Schreberi*) und *Hylocomium proliferum* (= *H. splendens)* herrschend hervortreten.

Auch nach meinem syngenetischen System gehören beide Bestände zur Obergruppe: PINETUM silvestris.

Innerhalb dieser Obergruppe gehört der eine Bestand von Risö zur Gruppe PINETUM silvestris silicicolum und der Bestand von Klintömossarna zur Gruppe PINETUM silvestris turfosum.

Ich glaube also, daß es nicht hinreicht, beide Bestände nur als verschiedene Varianten derselben Assoziation aufzufassen.

Ökologische Differenzialarten des Hochmoorbestandes sind hier: *Andromeda, Oxycoccus, Rubus Chamaemorus.*

Osvald ist dies natürlich auch klar, denn er schreibt: „*Andromeda, Oxycoccus* und *Rubus Chamaemorus* deuten an, daß sich diese Assoziation aus Moorgesellschaften entwickelt hat"; aber er zieht daraus für die systematische Erfassung dieser beiden *Pinus silvestris*-Wälder keine Folgerungen.

H. Osvald untersuchte einen flechtenreichen *Empetrum*-Birkenwald am Rande des Moores beim Hullbäck (11. September 1918) und fand folgenden floristischen Aufbau:

Betula pubescens, 2.5 m hoch	4	*Cladonia silvatica*	3
Empetrum nigrum	4	*Cladonia alpestris*	2
Calluna vulgaris	2	*Cetraria islandica*	2
Andromeda polifolia	1	*Cladonia pyxidata* v. *chlorophaea*	1
Eriophorum vaginatum	1	*Cladonina squamosa* f. *muricella*	1
Cladonia rangiferina	4		

Wird dieser Birkenwald niedergeschlagen, so erhalten wir eine *Empetrum*-Heide, die ich im Sinne meines Systems zum

„Betuletum pubescentis empetrosum cladoniosum ↘ EMPETRETUM cladoniosum rangiferinae turfosum ↗ Betuletum"

stelle; also zur Krähenbeer-Heide, welche ein Verwüstungsstadium des Birkenwaldes ist und sich wieder zum Birkenwald entwickeln würde.

Synökologische Differenzialarten der Hochmoorausbildung sind hier: *Andromeda polifolia, Eriophorum vaginatum.*

IV. Gruppe.

Die Krähenbeer-Heiden anmooriger Böden.

EMPETRETUM paludosum turfosum.

Zu diesen Krähenbeer-Heiden stelle ich diese, deren Böden gewissermaßen eine mittlere Stellung einnehmen zwischen nährstoffarmen nassen Bruchwaldböden und ab und zu austrocknenden Hochmoorböden. Kennzeichnend für diese Böden ist, daß sie meist in der Nähe offener Gewässer liegen und niemals so austrocknen wie jene auf den Spitzen der Bulten. Der floristische Aufbau dieser Heiden ist insbesondere dadurch gekennzeichnet, daß viele Arten auftreten, welche an den Wasserhaushalt höhere Ansprüche stellen, z. B. *Drosera longifolia (= D. anglica), Eriophorum polystachyum**), *Carex rostrata, Carex lasiocarpa, Menyanthes trifoliata, Scirpus austriacus (= Trichophorum austriacum), Comarum palustre, Carex limosa, Carex panicea, Carex pauciflora.*

---

*) Vgl. die Fußnote auf Seite 149.

H. Osvald untersuchte am 7. September 1918 einen solchen Bestand und fand folgenden floristischen Aufbau:

Empetrum nigrum	3	*Carex rostrata*	1
Andromeda polifolia	1	*Scirpus austriacus (= Trichophorum austriacum)*	1
Oxycoccus palustris	1		
Drosera rotundifolia	1		
Menyanthes trifoliata	1	*Amblystegium stramineum*	1
Carex lasiocarpa	2	*Sphagnum imbricatum*	5
Carex Leersii	1	*Sphagnum magellanicum*	4
Carex pauciflora	1	*Sphagnum acutifolium*	1

Diesen Bestand stellt H. Osvald zur *Empetrum nigrum* - *Sphagnum imbricatum* - Assoziation.

Hiezu schreibt H. Osvald: „Gewöhnlich ist es *Sphagnum imbricatum*, das den Anstoß dazu gibt und ein starkes Höhenwachstum innerhalb einer sehr kleinen Fläche veranlaßt, die oft nicht einmal 1 m² beträgt. Ist es hoch genug aufgeschossen, dann wird es von Cladonien getötet und wir erhalten eine flechtenreiche *Empetrum*-Heide."

In diesem Sinne können wir annehmen, daß der Sukzessionsverlauf folgender sein kann:

Empetrum nigrum - *Cladonia rangiferina* - Ass.

Empetrum nigrum - *Sphagnum imbricatum* - Ass.

Calluna vulgaris - *Sphagnum imbricatum* - Ass.

Der floristische Aufbau eines Bestandes der *Calluna vulgaris* - *Sphagnum imbricatum* - Ass. war im Rattödrog am 7. September 1918 nach H. Osvald:

Calluna vulgaris	4	*Carex panicea*	1
Oxycoccus palustris	3	*Carex rostrata*	1
Andromeda polifolia	1		
Empetrum nigrum	1	*Eriophorum vaginatum*	1
Comarum palustre	1		
		Pohlia nutans	2
Menyanthes trifoliata	1		
Carex pauciflora	2	*Sphagnum imbricatum*	4
Carex lasiocarpa	1	*Sphagnum aucutifolium*	2
Carex limosa	1	*Sphagnum papillosum*	2

Eine *Empetrum*-Heide (16 m²) untersuchte H. Osvald am 11. September 1918 in der Nähe eines großen Teiches Timmerhultsmossen und fand folgenden floristischen Aufbau:

Empetrum nigrum	4	*Rubus Chamaemorus*	2
Oxycoccus palustris	2	*Andromeda polifolia*	1

Calluna vulgaris	1	*Polytrichum strictum*	1
Drosera longifolia		*Sphaerocephalus palustris*	1
(= D. anglica)	1		
Drosera rotundifolia	1	*Sphagnum fuscum*	5—
Eriophorum polystachyum)*		*Sphagnum magellanicum*	4
Mylia anomala	2+	*Sphagnum rubellum*	4
Pohlia nutans	1		
Eriophorum vaginatum	1	*Hylocomium parietinum*	
		(= Pleurozium Schreberi)	1
Dicranum scoparium	3		

H. Osvald stellt diesen Bestand zur „*Empetrum nigrum - Sphagnum fuscum* -Assoziation" und zeigt auf, daß sie am meisten in den Teichgebieten ähnlich wie das *Calluna - Sphagnum fuscum* - Moor auftritt. „In Nord-Schweden, vor allem auf den Mooren innerhalb der Birkenwaldregion, scheint sie eine recht wesentliche Rolle zu spielen."

*) Ich weiß nicht, ob Osvald darunter *Eriophorum latifolium* oder *E. angustifolium* versteht, da für beide Arten der Linnéische Sammelname *E. polystachyum* gebraucht wird.

Die Heiden der Herzblättrigen Kugelblume als Vegetationsentwicklungstypen

(Globularietum cordifoliae)*)

Von Erwin Aichinger

Die Herzblättrige Kugelblume *(Globularia cordifolia)* ist ebenso wie die Silberwurz eine bodenbasische Pionierpflanze, stellt aber an den Wasserhaushalt des Bodens größere Ansprüche. Diesem höheren Wasserbedürfnis ist es zuzuschreiben, daß *Globularia cordifolia* Böden bevorzugt, welche infolge ihrer Humusbeimengung einen höheren Wasserhaushalt besitzen.

Sie erträgt aber, wie Pisek und Cartellieri (1933) aufgezeigt haben, bis 30% Wasserverluste ohne Schaden.

Wir treffen diese Kugelblume von der warmen Laubwaldstufe bis in die Alpenstufe im luftfeuchten Klimagebiet der Alpenaußenketten ebenso wie im kontinentalen Alpeninneren.

Zum Globularietum cordifoliae stellen wir beide Unterarten, also subsp. *cordifolia* und subsp. *bellidifolia.* Von diesen wurde nunmehr die Unterart *Globularia cordifolia* subsp. *bellidifolia* zur eigenen Art *Globularia meridionalis* erhoben. Diese Art treffen wir besonders in den südöstlichen Kalkalpen.

Die Annahme, daß *Globularia cordifolia* feuchte Klimate meidet, stimmt auf keinen Fall. Besonders gern besiedelt *Globularia cordifolia* auch klüftige, rissige Felsspalten. Diese sagen ihr auch zu, weil sie trotz oberflächlich trockenem Boden ihren Wasserhaushalt aus den Felsspalten voll decken kann.

So zeigte eine 80° Süd geneigte klüftige, rissige Kalkfelswand ober Arnoldstein in 1505 m Seehöhe auf 2 m² folgenden Aufbau:

Globularia cordifolia		*Asperula aristata*	+
ssp. *bellidifolia*	2.2	*Polygonatum officinale*	+
Sesleria varia	2.2	*Sedum dasyphyllum*	+
Dianthus silvester	+.2	*Hieracium glaucum*	+
Saxifraga incrustata	+	*Thymus „Serpyllum“* s. l.	+
Asplenium Ruta-muraria	+	*Erica carnea*	+
Campanula caespitosa	+	*Euphrasia tricuspidata*	+
Kernera saxatilis	+	*Coronilla vaginalis*	+

*) Die Heiden der Herzblättrigen Kugelblume haben für die Forstwirtschaft untergeordnete Bedeutung und werden hier nur oberflächlich behandelt. Nur wenige Beispiele sollen die Zusammenhänge aufzeigen. Es werden hier die Zwergstrauchheiden von *Globularia meridionalis* und *G. cordifolia* unter Globularietum cordifoliae besprochen.

Dieser Bestand entwickelt sich früher oder später zum Seslerietum variae.

Dicht daneben im Schatten hochstämmiger Fichten treffen wir auf senkrechter Wand ebenfalls *Globularia cordifolia* bei nur 5% Vegetationsbedeckung.

F l o r i s t i s c h e r A u f b a u dieses Bestandes:

Globularia cordifolia ssp. *bellidifolia*	2.2	*Campanula caespitosa*	+
Potentilla caulescens	2.2	*Kernera saxatilis*	+
Sesleria varia	2.2	*Asplenium Ruta-muraria*	+
Rhamnus pumila	1.2	*Saxifraga incrustata*	+
Carex mucronata	+.2	*Thymus „Serpyllum"* s. l.	+
Primula Auricula	+.2	*Cyclamen europaeum*	+
		Asperula aristata	+

Diese Felsspaltengesellschaft vom Potentilletum caulescentis bietet zwar *Globularia cordifolia* zusagende Lebensbedingungen, aber keine weiteren Entwicklungsmöglichkeiten. Wir haben eine ausgesprochene Dauergesellschaft vor uns.

Auch in der Schlucht des Kleinen Mittagskogels in den Karawanken treffen wir am sonnseitigen, felsspaltenreichen, 70° geneigten Kalkhang in 1720 m Höhe eine *Globularia cordifolia*-Dauergesellschaft mit folgendem f l o r i s t i s c h e n A u f b a u:

Globularia cordifolia	3.3	*Seseli austriacum*	+
Thymus „Serpyllum" s. l.	2.2	*Asplenium Ruta-muraria*	+
Primula Auricula	2.2	*Kernera saxatilis*	+
Silene Hayekiana	1.2	*Achillea Clavenae*	+
Rhamnus pumila	1.2	*Valeriana saxatilis*	+
Potentilla caulescens	1.2	*Amelanchier ovalis*	+
Campanula Zoysii	+.2	*Saxifraga incrustata*	+
Veronica lutea	+.2	*Athamanta cretensis*	+
Sesleria varia	+.2	*Asperula aristata*	+
Hieracium glaucum	+	*Campanula cochleariifolia*	+

Wenn auch dieser Felshang sehr steil ist, so wird früher oder später *Amelanchier ovalis* an Boden gewinnen und die extrem trockenen Klimaverhältnisse des steilen Südhanges abschwächen. Wir haben also auch hier eine *Globularia cordifolia*-Gesellschaft vor uns, welche früher oder später vom *Amelanchier ovalis*-Bestand abgebaut wird. Allerdings eine Gesellschaft, in welcher *Primula Auricula* stark hervortritt und den alpinen Charakter kennzeichnet.

Wir haben hier im Sinne meiner Vegetationsentwicklungstypen ein: „GLOBULARIETUM cordifoliae primuletosum Auriculae ↗ Amelanchieretum ovalis."

Dieses Globularietum cordifoliae ist aber völlig verschieden von dem Globularietum cordifoliae des *Quercus pubescens*-Waldgebietes, obwohl es ebenfalls mit *Amelanchier ovalis* in Beziehung steht.

H e i n r i c h W a g n e r untersuchte auf der Perchtoldsdorfer Heide bei Wien eine *Globularia cordifolia*-Fazies der Niederösterreichischen Federgrasflur „Fumaneto-Stipetum pulcherrimae" und fand folgenden floristischen Aufbau:

Globularia cordifolia	4—5.5	*Scabiosa canescens*	+
Helianthemum canum	2.3	*Anemone grandis*	+
Carex humilis	1—2.2	*Seseli Hippomarathrum*	+
Thymus praecox	1.3	*Scorzonera austriaca*	+
Thymus austriacus	1.3	*Scabiosa ochroleuca*	+
Festuca stricta	1.2	*Thesium Linophyllon*	+
Dorycnium germanicum	1.2	*Scorzonera purpurea*	+
Inula ensifolia	1.2	*Sanguisorba minor*	+
Adonis vernalis	1.2	*Aster Linosyris*	+
Bromus erectus	1.2	*Anthericum ramosum*	+
Cerastium semidecandrum	1.2	*Orthanta lutea*	+
Sesleria varia	1.2	*Pimpinella saxifraga*	+
Teucrium Chamaedrys	1.2	*Seseli annuum*	+
Helictotrichon pratense	1.1	*Amelanchier ovalis*	+
Teucrium montanum	+.2	*Bupleurum falcatum*	+
Stipa pulcherrima	+.2	*Leontodon incanus*	+
Potentilla arenaria	+.2	*Senecio rupestris*	+
Poa badensis	+.2	*Allium montanum*	+
Asperula cynanchica	+.2	*Plantago lanceolata*	+
Linum tenuifolium	+.2	*Briza media*	+
Anthyllis Vulneraria	+.2	*Centaurea rhenana*	(+)
Festuca sulcata	+.2	*Centaurea Scabiosa*	
Genista pilosa	+.2	ssp. *badensis*	(+)
Lotus corniculatus	+.2	*Euphorbia Cyparissias*	(+)
Polygala Chamaebuxus	+.2	*Calamintha Acinos*	(+)
Inula hirta	+.2	*Minuartia fasciculata*	(+)
Fumana vulgaris	(+.2)	*Silene Otites*	(+)
Cytisus ratisbonensis	(+.2)	*Euphrasia salisburgensis*	(+)
Helianthemum ovatum	(+.2)		
Galium lucidum	(+.2)	*Tortella tortuosa*	+.2

Heinrich Wagner zählt *Globularia cordifolia* zu den festen Charakterarten dieser Federgrasflur und stellt hinaus, daß gerade sie gegenüber den Federgrasfluren Böhmens und Ungarns als Differenzialart aufzufassen ist.

Wir müssen uns nun fragen, welche syngenetische Stellung dieser *Globularia cordifolia*-Bestand einnimmt.

Er liegt zweifellos in einem Klimagebiet, in welchem wir immer wieder feststellen können, daß die Steppenheiden vom *Amelanchier ovalis*- und *Quercus pubescens*-Buschwald besiedelt werden und daß sich bei pfleglicher Wirtschaft diese Buschwälder zum Traubeneichen-Hainbuchen-Mischwald (Querceto petraeae-Carpinetum) weiter entwickeln.

Warum sollte dies hier nicht möglich sein, wo der ostgeneigte basische Boden (pH 7.3) nur 5° Neigung besitzt?

Wenn die Raubwirtschaft aufhört und der Bestandesabfall liegen bleibt, muß der Boden in zunehmendem Maße eine wasserhaltende Humusschicht erhalten und damit auch anspruchsvolleren Arten Lebensmöglichkeiten bieten. Eine Abspülung der Feinerde durch den Regen kommt schon darum nicht in Frage, weil der Hang eine so flache Neigung besitzt, außerdem der Boden 95% vegetationsbedeckt ist und in zunehmendem Maße völlig geschlossen wird.

Wenn nun H e i n r i c h W a g n e r aufzeigt, daß die Federgrasflur (das Fumaneto-Stipetum) die flachgründigsten, steilsten Südhänge besiedelt und daher schon darum die Vegetationsentwicklung gehemmt wird, weil an diesen besonders steilen Südhängen die Feinerde abgespült wird, so trifft dies für unseren Bestand nicht zu, weil er weder nach Süden geneigt, noch sehr steil gelegen ist.

So schreibt W a g n e r : „Durch Rutschungen, Abspülung durch den Regen usw. wird die Bildung eines tiefgründigen Bodens verhindert und der Boden bleibt – trotz seines sicher großen Alters – ein ständig junger, flachgründiger Verwitterungsboden, wie wir ihn als charakteristisch für das Fumaneto-Stipetum kennengelernt haben. Von Natur aus tritt daher diese Gesellschaft fast ausschließlich an steilen heißen Südhängen auf."

Für unseren *Globularia cordifolia*-Bestand gilt dies also nicht, weil er ja einen Boden besiedelt, der nur 5^0 Ost geneigt ist.

Nun schreibt W a g n e r weiter: „Überall dort, wo der Boden sich weiterentwickeln kann und wo er tiefgründiger wird, können sich die Trockenrasen nicht auf die Dauer behaupten: Die Buschwaldelemente, vereinzelt schon im Fumaneto-Stipetum vorhanden, insbesondere die Sträucher, fassen Fuß und in den geänderten Lichtverhältnissen werden die Trockenrasenarten von den nun kräftigeren Buschwaldarten zurückgedrängt. Zwischen den beiden Gesellschaften gibt es daher meistens allmähliche Übergänge: in die lockeren Gebüschbestände sind mehr oder weniger ausgedehnte Flecken von Trockenrasen eingestreut."

Ja, auch W a g n e r kommt zur Überzeugung, daß die waldverwüstenden Eingriffe des Menschen den Flaumeichenwald zurückgedrängt haben: „Daß der Flaumeichenwald trotz dieser nahen ökologischen Verwandtschaft gegen das Fumaneto-Stipetum so stark zurücktritt, ist vor allem durch die Eingriffe des Menschen bedingt. Wohl ist das Fumaneto-Stipetum sicher seinem Wesen nach eine natürliche Dauergesellschaft, unter dem Einfluß des Menschen jedoch ist es wesentlich weiter ausgebreitet."

W a g n e r kommt sogar zur Überzeugung, daß der xerophytische Flaumeichenwald sich früher oder später zum mesophytischen Laubmischwald weiter entwickeln wird. „Nach all dem über das Geranieto-Quercetum Gesagten liegt der Gedanke nahe, daß auch diese Gesellschaft noch keinen Klimax darstellt. Ihr Boden ist ja, wenn auch ungleich tiefgründiger als im Trockenrasen, immer noch eine verhältnismäßig wenig entwickelte Rendzina. Der Klimaxwald des Thermenalpen-Ostabfalles, der auf den steilen Kalkhügeln noch nicht erreicht wird, ist das Q u e r c e t o - L i t h o s p e r m e t u m, wie es uns sehr schön entwickelt entlang dem sanfter geneigten Hang des Anninger oberhalb der untersuchten Hügel entgegentritt. Die Assoziation ist ein Hochwald auf tiefgründiger, bindiger Braunerde, in dem vor allem die Traubeneiche *(Quercus petraea = Qu. sessiliflora)* dominiert. In der Baumschicht sind ferner meistens Hainbuche *(Carpinus Betulus)*, Rotbuche *(Fagus silvatica)*, Sommerlinde *(Tilia platyphyllos)*, Feld- und Bergahorn *(Acer campestre* und *Acer Pseudoplatanus)* vertreten und besonders die Charakterart *Sorbus torminalis*, der Elsbeerbaum, der manchmal nur in der Strauchschicht mit den anderen Arten dieser Gesellschaft (*Evonymus verrucosa, Cornus sanguinea, Crataegus* sp., *Coronilla Emerus* u. a.) auftritt. Sehr artenreich ist auch die Krautschicht, die als Charakter- und Differenzialarten gegenüber dem Geranieto-Quercetum besonders *Lithospermum purpureo-coeruleum, Lathyrus niger, Fragaria elatior, Melica uniflora, Anemone Hepatica, Hedera Helix, Lathyrus vernus, Polygonatum multiflorum, Galium silvaticum* u. a. enthält. Erst in größerer Höhe und vor allem weiter im feuchteren Westen treten Buchenwald (Fagetum) und Eichen-Hainbuchenwald (Querceto-Carpinetum) auf, die mit mehreren Subassoziationen die Klimaxgesellschaften des größten Teiles von Mitteleuropa stellen."

Nach meinen eingehenden syngenetischen Studien im Vorderen Wienerwald und den Darlegungen Wagners komme ich zur Überzeugung, daß unser *Globularia cordifolia*-Bestand ein Verwüstungsstadium des Flaumeichen-Buschwaldes ist und bei ungestörter Entwicklung wieder über einen *Amelanchier ovalis*-Bestand zum Flaumeichen-Buschwald führen würde. Im Sinne meiner Vegetationsentwicklungstypen stelle ich ihn daher zum

„Quercetum pubescentis ↘ GLOBULARIETUM cordifoliae ↗ Quercetum pubescentis amelanchieretosum ovalis."

Wirtschaftliche Folgerungen: Unser *Globularia cordifolia*-Bestand ist auf keinen Fall eine natürliche, also klimatisch bedingte Steppengesellschaft, sondern eine Kultursteppe, die der Mensch durch seine waldverwüstenden Eingriffe geschaffen hat.

Durch pflegliche Wirtschaft, insbesondere durch Unterlassung aller Eingriffe, welche den Wasserhaushalt herabsetzen, wird sich diese *Globularia cordifolia*-Heide wieder bewalden.

Eine *Erica carnea*-Heide, welche im *Globularia cordifolia*-Bestand aufgekommen ist, konnte ich am sogenannten Melasrain nordöstlich Rosenbach in Kärnten auf einem Nagelfluhhang in sonniger Lage in 615 m Seehöhe untersuchen.

Ich stelle diesen *Erica carnea*-Heidebestand zum

„Globularietum cordifoliae ↗ ERICETUM carneae ↗ Pinetum silvestris."

Einen Bestand der Herzblättrigen Kugelblume konnte ich auf einem 15° nach Osten geneigten Hang auf der sogenannten Roßtratten auf der Villacher Alpe in 1720 m Seehöhe untersuchen.

Floristischer Aufbau:

Globularia cordifolia	5.5	*Euphrasia salisburgensis*	+
Daphne striata	1.2	*Polygala Chamaebuxus*	+
Erica carnea	1.2	*Sedum atratum*	+
Draba aizoides	+.2	*Galium pumilum*	+
Gentiana verna	+	*Erigeron alpinus*	+
Trifolium Thalii	+		
Cerastium strictum	+	*Tortella tortuosa*	+.2
Carex ornithopoda	+	*Cetraria islandica*	+
Calamintha alpina	+		

Aus vergleichenden Untersuchungen ersehen wir, daß dieser Kugelblumenbestand ein sekundäres Initialstadium ist. Der ehemalige Lärchen-Fichten-Mischwald wurde niedergeschlagen und dessen Feinerde durch den Wind und Regen völlig weggeweht. So konnte dieser Kugelblumenbestand sekundär den völlig verkarsteten Boden besiedeln.

Die Weiterentwicklung wird vermutlich folgend vor sich gehen: Im Kugelblumenbestand wird das Steinröserl (*Daphne striata*) und die *Erica*-Heide und schließlich die Wimperalpenrosen-Heide aufkommen. Die Weiterentwicklung würde dann über den Latschenbuschwald und Lärchenwald wieder zum Lärchen-Fichten-Mischwald führen.

Demnach stelle ich unseren Herzkugelblumenbestand zum Globularietum cordifoliae ↗ Daphneto striatae - Ericetum carneae.

Wirtschaftliche Folgerungen: Die Pioniergesellschaft der Herzblättrigen Kugelblume vermag zwar schon den Boden wieder zu binden, sie vermag aber noch nicht die Voraussetzung der Wiederbewaldung zu bilden.

Demnach können wir vorläufig nur durch Unterbindung der Weideraubwirtschaft verhindern, daß der Boden nicht neuerdings aufgerissen wird und Wind- und Wassererosion die Verkarstung begünstigen.

Die Silberwurzteppiche als Vegetationsentwicklungstypen

(*Dryas octopetala*-Heiden)

Von Erwin A i c h i n g e r

Die Silberwurzteppiche treffen wir in windausgesetzter, schneearmer und in windgeschützter, schneereicher Lage als primäre Anfangsgesellschaften und sekundäre Verwüstungsgesellschaften von der warmen Laubwaldstufe bis in die Alpenstufe an.

Sie bevorzugen Kalk- und Dolomitböden, kommen aber auch auf anderen kalkhaltigen Böden vor.

Demnach können wir folgende *Dryas octopetala*-Heiden unterscheiden:

I. Die *Dryas octopetala*-Heiden rein basischer Bodenunterlage.

A. Die *Dryas*-Heiden windoffener, schneearmer Lagen:

1. die primären *Dryas*-Heiden,
2. die sekundären *Dryas*-Heiden.

B. Die *Dryas*-Heiden windgeschützter, schneereicher Lagen:

1. die primären *Dryas*-Heiden,
2. die sekundären *Dryas*-Heiden.

II. Die *Dryas*-Heiden basisch-silikatischer Mischböden.

A. Die *Dryas*-Heiden windoffener, schneearmer Lagen:

1. die primären *Dryas*-Heiden,
2. die sekundären *Dryas*-Heiden.

B. Die *Dryas*-Heiden windgeschützter, schneereicher Lagen:

1. die primären *Dryas*-Heiden,
2. die sekundären *Dryas*-Heiden.

R o l f N o r d h a g e n ist vom Anblick der artenreichen *Dryas*-Assoziation so entzückt, daß er in seinen wissenschaftlichen Darlegungen folgende Schilderung mit einschiebt:

„Die *Dryas*-Flora, die schon im Jahre 1812 C h r i s t e n S m i t h zur Begeisterung hinriß und deren Schönheit uns A x e l B l y t t in seinen Schriften immer wieder geschildert hat, breitet sich zu unseren Füßen aus. Ich habe die *Asphodelus*-Fluren der marokkanischen Steppen, die dunkelvioletten *Lavan-*

dula-Garigues des Atlasgebirges und die reizenden Alpenwiesen der Schweiz gesehen, mein Herz gehört aber der nordischen *Dryas*-Heide! Wie Neuschnee leuchtet der reichblühende weiße Teppich, worin gelbe Potentillen, blauer Ehrenpreis und *Astragalus oroboides* (= *A. norvegicus*) und errötende *Silene acaulis* wunderschöne Sträuße bilden. Eine aufgejagte Rentierherde zieht sich blitzschnell nach der Ekortür zurück; allmählich hört das merkwürdige Knarren der Klauen auf, nur der Lemming schimpft wie gewöhnlich in seinem Loch. – Der unsägliche Charme des Hochgebirges strömt uns hier entgegen. –"

I. Die *Dryas octopetala*-Heiden basischer Bodenunterlage.

A. Die *Dryas*-Heiden basischer Bodenunterlage in windoffener, schneearmer Lage.

1. Die primären *Dryas octopetala*-Heiden.

Die Silberwurz (*Dryas octopetala*) ist wohl einer der wichtigsten Pioniere unserer Kalkalpen.

Wir treffen sie nicht nur auf Ruhschutt ebener Lage, sondern auch auf gefestigten Geröllhängen an. *Dryas octopetala* leitet die Vegetationsentwicklung zum Caricetum firmae ein.

So verweist Braun-Blanquet auf die festigende Tätigkeit von *Dryas octopetala* in den bis 35° steilen Alpenmohn-reichen Täschelkrauthalden (Thlaspeetum rotundifolii papaveretosum) am Südhang des Piz des Fuorn (2600 bis 2700 m). „An den gefestigten Stellen des Hanges erscheinen mit *Carex firma* und *Festuca pumila* auch weitere Begleiter des Caricetum firmae und so entstehen kleine Raseninseln im Schuttmeer, fragmentarisch ausgebildete Firmeta, die aus einiger Entfernung gesehen an die dunklen Flecke eines Pantherfells erinnern. Manch eines dieser Inselchen fällt dem Schuttstrom wieder zum Opfer, andere aber breiten sich seitwärts und nach unten aus und bilden schließlich mehr oder weniger zusammenhängende, schwarzerdereiche Rasenflecke der *Carex firma*-Assoziation."

Wir haben also Silberwurzteppiche vor uns, welche in der Alpenmohn-Täschelkraut-Halde aufgekommen sind und sich weiter zum Polsterseggenrasen entwickeln (Thlaspeetum papaveretosum rhaetici ↗ DRYADETUM octopetalae ↗ Caricetum firmae).

Aus diesem Entwicklungsgang ist es verständlich, daß vorerst ein *Dryas ocotopetala*-Stadium des Caricetum firmae entsteht.

So zeigte in 1500 m Seehöhe auf der 30° geneigten Ostflanke des Großen Mittagskogel in den Karawanken ein solches Stadium folgenden floristischen Aufbau:

Carex firma	3.4	*Saxifraga caesia*	+
Dryas octopetala	2.3	*Gentiana Clusii*	+
Sedum atratum	1.2	*Pedicularis rosea*	+
Euphrasia salisburgensis	1.1	*Anthyllis alpicola*	+
Heliosperma alpestre	1.1		
Campanula caespitosa	+	*Tortella tortuosa*	+
Gentiana ciliata	+		

Wir haben also vor uns ein Dryadetum ↗ CARICETUM firmae.

Braun-Blanquet zeigt ferner auf, daß die Pioniergesellschaft von *Dryas octopetala* mit *Carex firma* auch als wichtiger Festiger und Beraser der „Schwemmgeröllzungen" auftritt. „Diese Schwemmgeröllzungen verdanken ihre Entstehung der langsamen Abspülung feiner bis mittelgroßer Gesteinsfragmente durch Regen- und Schmelzwässer, welche, durch die Bodenplastik gezwungen, stets die gleichen Abflußbahnen verfolgen und besonders bei heftigen Gewittern viel Material umlagern."

„Die etwa 10 m langen, 3 m breiten und ½ m hohen Schuttzungen am Piz des Fuorn (2550 m) laufen von der Steilhalde auf einen Bergvorsprung aus und sind größtenteils von *Dryas* und *Carex firma* berast, mit Ausnahme eines ziemlich schmalen, längslaufenden Schuttscheitels, der die Zuflußrinne darstellt."

Braun-Blanquet hebt immer wieder die schuttfestigende Eigenschaft von *Dryas octopetala* hervor und meint, daß sie für das Caricetum firmae höchsten aufbauenden Wert besitzt, also ein Schuttfestiger par excellence sei.

„An windexponierten Kämmen der Unterengadiner Dolomiten wird der Typus der Art oft durch die silberig schimmernde, kleinblättrige, extrem kälteharte Varietät *vestita* Beck ersetzt. Derartige windausgesetzte *Dryas*-Polster zeigen oft die Abrasionswirkung der Schneekristalle. Die Stämmchen sind entrindet, angefeilt, vielleicht schon abgestorben. Aber der Teppichsaum heftet sich mit Adventivwurzeln fest und wächst im Schutze des abgestorbenen Polsterteils peripherisch fort. Ähnliches berichtet Walton (1923) über das Vorkommen von *Dryas* auf Spitzbergen."

„Der Strauchteppich wandelt sich so allmählich in ein Caricetum firmae um. Diese Sukzession ist in die Augen springend und läßt sich an Hunderten von Punkten der Schweizer und Tiroler Alpen verfolgen. Einem Skeptiker, der einwenden könnte, es handle sich hier um bloßes Nebeneinander, nicht aber um zeitliche Folgestadien, möchten wir erwidern, daß die Ausbreitung von *Carex firma* auf Kosten der *Dryas*-Teppiche einwandfrei hervorgeht aus dem öfteren Vorkommen toter, überwachsener *Dryas*-Skelette im geschlossenen Firmetum. Andererseits zeugt auch die häufige Umrahmung oder Berandung des optimalen Firmetums durch ein mehr oder weniger breites Spalierstrauchband für die Genese der Assoziation. Die Randzone von *Dryas* entspricht hier einer Initialphase des Firmetums, das sich marginal ausbreitet. Wir erkennen deutlich das seitliche Vordringen der *Dryas*-Pioniere und des darauffolgenden Firmetums im Kalkgeröll des Schlern.

Hat das Firmetum einmal Fuß gefaßt, so hält es sich dauernd an den steileren Stellen in Hochlagen und an felsigen Windecken. Eine Änderung erfolgt nur, wenn der Rasen durch Winderosion zerstört wird. Dann treten die Spalierstrauch-Pioniere von neuem in Tätigkeit."

Braun-Blanquet untersuchte am 10° NW exponierten Grat des Mot Madlein in 2250 m Seehöhe einen Polsterseggenrasen mit folgendem floristischen Aufbau:

Carex firma	4.3	*Sesleria coerulea* ssp. *calcarea*	+
Dryas octopetala	2.3	*Anthyllis Vuln.* ssp. *alpestris*	+
Saxifraga caesia	1.2	*Helianthemum alpestre*	+
Crepis Jacquini	1.1	*Polygonum viviparum*	+
Carex rupestris	1.1	*Carex ericetorum*	+
Festuca pumila	+.2	*Cetraria islandica*	+
Elyna myosuroides	+.2		
Chamaeorchis alpina	+		

Im Sinne meiner Vegetationsentwicklungstypen stelle ich diesen Polsterseggenrasen zum

Dryadetum ↗ CARICETUM firmae.

Einen primären Silberwurzteppich, der mit dem Polsterseggenrasen in Beziehung steht, konnte ich auf Kalkgeröllboden ober dem Bocksattel in 2000 m Seehöhe auf einem windausgesetzten NNO-Hang untersuchen.

Floristischer Aufbau:

Dryas octopetala	5.5	*Biscutella laevigata*	+
Carex firma	3.3	*Aster Bellidiastrum*	+
Sesleria varia	1.2	*Ranunculus hybridus*	+
Valeriana saxatilis	1.1	*Pinguicula alpina*	+
Helianthemum alpestre	+.2	*Heliosperma alpestre*	+
Silene acaulis	+.2	*Polygonum viviparum*	+
Pedicularis rosea	+	*Campanula cochleariifolia*	+

Aus vergleichenden Untersuchungen können wir feststellen, daß die Silberwurzteppiche primär den Kalkrohboden besiedeln und dann vom Polsterseggenrasen zurückgedrängt werden. Ja, hier zeigt es sich sogar, daß in die geschlossenen Polsterseggenbestände das Blaugras hineinkommt und den Polsterseggenrasen-Bestand zurückdrängt.

Im Sinne meiner Vegetationsentwicklungstypen haben wir also einen Silberwurzbestand vor uns, der als Pioniergesellschaft aufgekommen ist und sich zum Polsterseggenbestand weiter entwickelt (DRYADETUM octopetalae ↗ Caricetum firmae dryadetosum).

Ein Caricetum firmae, welches im *Dryas octopetala*-Bestand aufgekommen ist, untersuchte ich am Osthang der Melitzen ober Langalpental bei Radenthein in Kärnten in 2050 m Seehöhe auf einem 30° geneigten Hang.

Floristischer Aufbau:

Carex firma	4.3	*Polygonum viviparum*	+.2
Dryas octopetala	3.3	*Sesleria varia*	+.2
Saxifraga caesia	2.2	*Salix serpyllifolia*	+.2
Helianthemum alpestre	1.2	*Primula Auricula*	+
Anthyllis alpicola	1.2	*Chamaeorchis alpina*	+
Valeriana saxatilis	1.1	*Gentiana Clusii*	+
Pedicularis rostrato-capitata	+.2		

Ich stelle dieses Caricetum firmae zum

„Dryadetum octopetalae ↗ CARICETUM firmae“,

also zum Polsterseggenrasen, welcher im Silberwurzteppich aufgekommen ist.

Auch im Sinne der Charakterartenlehre haben wir hier ein *Dryas octopetala*-Stadium des Caricetum firmae, denn wir haben hier folgende Charakterarten des Caricetum firmae: *Carex firma, Saxifraga caesia, Gentiana Clusii, Chamaeorchis alpina.*

2. Die sekundären *Dryas*-Heiden windoffener, schneearmer Lagen über basischem Bodenuntergrund.

Dryas octopetala leitet die Vegetationsentwicklung zur Blaugrashalde (Seslerietum variae) ein.

Braun-Blanquet zeigt auf: „*Sesleria* und ihre Begleiter können sich aber auch in den Spalierstrauchteppichen (vor allem in *Dryas*-Teppichen) festsetzen, darin ausbreiten und den Teppich überwachsen."

„Die *Dryas*-Teppiche vegetieren noch lange im geschlossenen Seslerieto-Semperviretum weiter; ihre Vitalität leidet aber unter der Baum- und Lichtkonkurrenz der hochschäftigen Kräuter und Horstpflanzen, was im kurzrasigen Firmetum viel weniger der Fall ist. In der Regel stellt die Entwicklung vom *Dryas*-Teppich zum Blaugrasrasen eine normale progressive Sukzession auf Neuland dar."

Wird durch Viehtritt der *Sesleria*-Rasen vegetationsfrei, so berast er sich wieder unter Mitwirkung von *Dryas*. „Diese spannt zuerst ihren Teppich über den Gesteinsgrus und überwächst die breiten Treppenabsätze, bevor sich die Horstbildner darauf festsetzen konnten. Diese flachen *Dryas*-Absätze wechseln mit den steilen grasbewachsenen Treppenstufen ab, doch unterliegt es keinem Zweifel, daß bei weiter fortgeschrittenem Vegetationsausgleich am stabilisierten Hang die Absätze durch das Seslerieto-Semperviretum größtenteils zurückerobert werden."

Im Sinne meiner Vegetationsentwicklungstypen handelt es sich hier also um Silberwurzteppiche, die ein Verwüstungsstadium der Blaugrashalde sind und die sich nach Aufhören der Weideraubwirtschaft wieder zur Blaugrashalde entwickeln:

Seslerieto-Semperviretum ↘ DRYADETUM octopetalae ↗ Seslerieto-Semperviretum.

Eine Blaugrashalde, welche im *Dryas*-Teppich hochgekommen ist, zeigte auf der Ostseite des Piz Murtèr auf einem 35° geneigten Südosthang in 2400 m Seehöhe auf Dolomit nach Braun-Blanquet folgenden Aufbau:

Carex sempervirens	3—4.3	*Centaurea Scabiosa* ssp. *alpestris*	+
Dryas octopetala	2.2	*Anthyllis Vuln.* ssp. *alpestris*	+
Sesleria varia	1.2	*Scabiosa lucida*	+
Helianthemum grandiflorum	1.2	*Minuartia verna* (wohl *M. Gerardi*)	+
Carex humilis	1.2	*Helianthemum alpestre*	+
Aster alpinus	1.1	*Sedum atratum*	+
Hieracium villosum ssp. *villosum*	+	*Gentiana verna*	+
Hieracium cirritum ssp. *pravum*	+	*Euphrasia salisb.* v. *purpurascens*	+
Hieracium villosiceps (= *Morisianum*)	+	*Gentiana Clusii*	+
Leontopodium alpinum	+	*Ranunculus Thora*	+
Oxytropis montana	+	*Daphne striata*	+

Senecio Doronicum	+	*Soldanella alpina*	+
Myosotis alpestris	+	*Carlina acaulis*	+
Campanula Scheuchzeri	+	*Leontodon hispidus* v. *opimus*	+
Carduus defloratus	+	*Thesium alpinum*	+
Biscutella laevigata	+	*Bartschia alpina*	+
Erica carnea	+	*Draba aizoides*	+
Thymus Serp. ssp. *polytrichus*	+	*Valeriana montana*	+
Gentiana campestris	+	*Silene vulgaris*	+
Galium anisophyllum	+	*Polygala Chamaebuxus*	+
Bellidiastrum Michelii	+		

Wir haben hier vor uns ein

„Dryadetum ↗ Seslerieto-CARICETUM sempervirentis."

Eine polsterseggenreiche Silberwurzflur konnte ich auf der Melitzen in 2180 m Seehöhe am Kalkgipfel auf einer nur 5° geneigten Ostflanke untersuchen.

Floristischer Aufbau:

Dryas octopetala	4.5°	*Carex capillaris*	+
Carex firma	3.3	*Campanula Scheuchzeri*	+
Sesleria varia	2.1	*Swertia carinthiaca* (= *Lomatogonium carinth.*)	+
Primula minima	1.2	*Bartschia alpina*	+
Elyna myosuroides	1.2	*Valeriana celtica*	+
Helianthemum alpestre	1.2	*Euphrasia salisburgensis*	+
Salix serpyllifolia	1.2	*Thymus* sp.	+
Aster Bellidiastrum	1.1	*Silene acaulis*	+
Polygonum viviparum	1.1	*Pedicularis rosea*	+
Selaginella selaginoides	1.1	*Homogyne discolor*	+
Saxifraga caesia	+.2		
Festuca pumila	+.2		
Agrostis rupestris	+	*Cetraria islandica*	1.2

An diesem floristischen Aufbau des Silberwurzteppichs fällt uns auf, daß eine ganze Reihe azidiphiler Arten vertreten sind wie *Primula minima, Agrostis rupestris, Valeriana celtica, Elyna myosuroides.* Aus vergleichenden Untersuchungen geht einwandfrei hervor, daß dieser Kalkrohboden schon ehemals einen Latschenbestand getragen hat und nunmehr durch Kahlschlag, Brand und ungeregelt betriebene Weidenutzung so verkarstet wurde, daß die Wiederbesiedlung von neuem durch Silberwurzteppiche erfolgt. Die azidiphilen Arten wurzeln in den geringen Restbeständen des ehemals zusammenhängenden Rohhumusbodens

(Pinetum Mugi calcicolum acidiferens ↘ DRYADETUM octopetalae ↗ Caricetum firmae).

Wenn ich hier von der Bezeichnung des Vegetationsentwicklungstyps vom Latschenbestand (Pinetum Mugi) ausgegangen bin, so darum, weil ja die Silberwurzflur, fast wie ein Anfangsstadium, diese Vegetationsentwicklung auf der verkarsteten Fläche einleiten muß, und ich aber den Hinweis geben wollte, daß es sich hier um ein nach Vernichtung des Latschenbuschwaldes neu zu besiedelndes Gebiet handelt.

Wirtschaftlich können wir nichts machen. Wir können nur immer wieder darauf hinweisen, wohin es führt, wenn in unbedachter Weise im Kampfgürtel des Waldes Latschenbestände vernichtet werden.

Im Sinne der Schule Braun-Blanquet können wir diesen Bestand auf Grund der Verbandscharakterarten (Seslerion coeruleae) *Sesleria varia, Helianthemum alpestre, Festuca pumila* und der Assoziationscharakterarten *Carex firma, Saxifraga caesia, Pedicularis rosea* zum Caricetum firmae (Kerner) Br.-Bl. 1926 stellen und zwar zum *Dryas octopetala*-reichen Anfangsstadium.

Thore C. E. Fries kommt bei seinen Untersuchungen im nördlichsten Schweden zur Überzeugung, daß die „*Dryas*-Formation“ wenigstens in zwei verschiedene Assoziationen zerfällt:

1. die flechtenreiche *Dryas octopetala*-Assoziation,
2. die moosreiche *Dryas octopetala*-Assoziation.

Die flechtenreiche Assoziation bevorzugt besonders die dolomitischen Böden, kommt aber ab und zu auch auf den Gipfeln der kalkhaltigen Moränen vor.

So fand er auf einem Dolomitfelsen auf dem Pikka Tanta in der Nähe des Kilpisjärvi der alpinen Stufe auf humusarmem Boden folgenden Aufbau:

		Moosschicht:	
Dryas octopetala	3–4		
Carex rupestris	3		
Andromeda tetragona	2–3	*Polytrichum* cfr. *juniperinum*	3–4
Vaccinium uliginosum	2	*Dicranum* spec.	(3–4)
Loiseleuria procumbens	1		
Arctostaphylos alpina	1	*Cetraria nivalis*	2
Empetrum nigrum	1	*Cetraria cucullata*	2
Diapensia lapponica	1	*Cetraria islandica*	1
Pedicularis lapponica	1	*Alectoria ochroleuca* v. *rigida*	1
Thalictrum alpinum	1		
Saxifraga oppositifolia	1	*Cladonia rangiferina alpestris*	1
Solidago Virgaurea	1		
Vaccinium Vitis-idaea	1	*Thamnolia vermicularis*	1

Es ist schon auffallend, daß in diesem Bestande die azidiphilen Arten überwiegen. Ob diese vielen azidiphilen Arten hier gedeihen, weil neben dem dolomitischen Boden auch silikatischer Boden vorkommt oder weil es sich um ein Verwüstungsstadium höherer Zwergstrauchheiden handelt und die azidiphilen Arten als Reste anzusehen sind oder im zurückgebliebenen sauren Humus siedeln, entzieht sich meiner Kenntnis.

Jedenfalls handelt es sich, nach den Windflechten zu schließen, um einen Bestand, der sehr windausgesetzt ist *(Cetraria nivalis, C. cucullata, Alectoria ochroleuca rigida, Thamnolia vermicularis*).

Auch in den Alpen treffen wir da und dort in windausgesetzter Lage solche Bestände, welche durch Weideraubwirtschaft offen wurden und sekundär der *Dryas* die Möglichkeit zum Eindringen geboten haben.

Ich stelle diese *Dryas*-Heide zum

DRYADETUM cetrariosum sec.

B. Die *Dryas*-Heiden basischer Bodenunterlage in windgeschützter, schneereicher Lage.

1. Die primären *Dryas*-Heiden.

Eine primäre *Dryas octopetala*-Heide in schneereicher Lage untersuchte ich am Großen Mittagskogel in den Karawanken, in 2100 m Seehöhe, nahe dem Gipfel in nicht zu windausgesetzter Lage.

Floristischer Aufbau:

(20 % offen)		*Selaginella selaginoides*	1.1
		Carex sempervirens	1.1
Dryas octopetala	4.3	*Poa minor*	+
Salix serpyllifolia	2.2	*Polygonum viviparum*	+
Rhododendron hirsutum	2.2	*Valeriana saxatilis*	+
Erica carnea	2.2	*Campanula cochleariifolia*	+
Soldanella minima	2.2	*Sesleria varia*	+
Carex firma	1.2	*Aster Bellidiastrum*	+

Wie aus dem Auftreten von *Salix serpyllifolia, Rhododendron hirsutum* hervorgeht, haben wir hier einen Boden vor uns, der weniger windausgesetzt und daher wintersüber schneebedeckt ist.

Wenn auch in diesem Bestande *Carex firma, Sesleria varia, Carex sempervirens* und *Erica carnea* vorkommen, so erfolgt die Weiterentwicklung, wie aus vergleichenden Untersuchungen hervorgeht, nicht zum Caricetum firmae, zum Seslerieto-Semperviretum oder zum Ericetum carneae, sondern zum Rhodoretum hirsuti; also zu einer Zwergstrauchheide, welche winterlichen Schneeschutz dringend benötigt.

Ich stelle daher diesen *Dryas octopetala*-Bestand zum

„DRYADETUM octopetalae ↗ Rhodoretum hirsuti."

Auch beim Rhodoretum hirsuti scheint die Vegetationsentwicklung nicht stehen zu bleiben, sondern sie verläuft früher oder später weiter zum Pinetum Mugi basiferens.

Leider wird dieser Entwicklungsgang durch rücksichtslosen Schafweidebetrieb aufgehalten. Die Schafe öffnen mit ihren scharfen Schalen immer wieder den Boden und verhindern damit den Zusammenschluß des Bestandes.

Eine primäre *Dryas octopetala*-Heide in windgeschützter, schneereicher Lage untersuchte ich am Bielschitza-Vorgipfel in 2000 m Seehöhe auf einem 30° geneigten schwarzhumosen Kalkschutthang in Nordlage:

Floristischer Aufbau:

Dryas octopetala	4.5	*Valeriana saxatilis*	+
Rhodothamnus Chamaecistus	2.3	*Polygonum viviparum*	+
Rhododendron hirsutum	2.3	*Ranunculus hybridus*	+
Carex firma	2.3	*Gentiana Clusii*	+
Homogyne discolor	2.2	*Primula Wulfeniana*	+
Tofieldia calyculata	1.2	*Aster Bellidiastrum*	+
		Selaginella selaginoides	+

Pinguicula alpina	+	*Anthyllis alpestris*	+
Lycopodium Selago	+	*Juncus monanthos*	+
Heliosperma alpestre	+		
Soldanella minima	+	*Cetraria islandica*	+
Bartschia alpina	+	*Tortella tortuosa*	+
Crepis Jacquinii	+		

Auch dieser *Dryas octopetala*-Bestand ist eine Heide, welche langsam von *Rhododendron hirsutum* abgebaut wird.

Ich stelle diese daher ebenfalls zum

„DRYADETUM octopetalae nivale ↗ Rhodoretum hirsuti",

also zur *Dryas*-Heide schneereicher Lagen, welche sich zum *Rhododendron hirsutum*-Bestand entwickelt.

Differenzialart schneereicher Lagen ist hier insbesonders: *Homogyne discolor.*

Carex firma und *Rhodothamnus Chamaecistus* vermögen gegenüber *Rhododendron hirsutum* sich nicht durchzusetzen.

Rolf Nordhagen zeigt in seiner Vegetationsmonographie von Sylene auf, daß die Dryadeta der Schweiz gewöhnlich nur als Initialphasen oder Varianten anderer Assoziationen aufgefaßt werden. In Skandinavien muß aber die *Dryas*-Heide als eine stabile und distinkte Assoziation betrachtet werden.

Diese Assoziation ist streng an die Schieferzone, vor allem an die oberen weicheren Gesteinsbänke, gebunden.

Ein artenreicher Bestand aus Nordsylen (1150 m ü. M.) zeigt folgenden floristischen Aufbau:

Zwergsträucher:		*Poa caesia*	1
Dryas octopetala	5	*Trisetum spicatum*	1
Salix reticulata	3	Kräuter:	
Vaccinium Vitis-idaea	2	*Viola biflora*	3
Salix herbacea	1	*Polygonum viviparum*	3
Salix lanata	1	*Saussurea alpina*	2
Cassiope hypnoides	1	*Silene acaulis*	2
Diapensia lapponica	1	*Thalictrum alpinum*	2
Empetrum nigrum	1	*Astragalus alpinus*	1
Loiseleuria procumbens	1	*Astragalus oroboides*	1
Phyllodoce coerulea	1	*Bartschia alpina*	1
Vaccinium uliginosum	1	*Campanula rotundifolia*	1
		Chamaeorchis alpina	1
Gräser:		*Erigeron uniflorus*	1
Elyna myosuroides	3	*Euphrasia minima*	1
Juncus trifidus	2	*Gentiana nivalis*	1
Carex rupestris	1	*Hieracium alpinum* (coll.)	1
Carex rigida	1	*Oxytropis lapponica*	1
Carex sparsiflora	1	*Parnassia palustris*	1
Luzula spicata	1	*Pedicularis Oederi*	1
Anthoxanthum odoratum	1	*Pinguicula alpina*	1
Festuca ovina f. *vivipara*	1	*Potentilla Crantzii*	1

Primula stricta	1
Rhodiola rosea	1
Selaginella Selaginoides	1
Solidago Virgaurea	1
Tofielda palustris (= pusilla)	1
Flechten:	
Cetraria cucullata	2
Cetraria islandica f. *crispa*	2
Alectoria divergens	1
Alectoria ochroleuca	1
Cetraria islandica	1
Cetraria nivalis	1
Cladonia gracilis	1
Cladonia silvatica	1
Cladonia uncialis	1
Ochrolechia tartarea	1
Parmelia saxatilis	1
Peltigera aphthosa	1
Peltigera canina	1
Peltigera polydactyla	1
Peltigera scabrosa	1
Stereocaulon paschale	1
Thamnolia vermicularis	1
Moose:	
Dicranum Mühlenbeckii	3
Hylocomium splendens	2
Hypnum rugosum	2
Polytrichum alpinum	1
Rhacomitrium lanuginosum	1
Brachythecium turgidum	1
Lophozia quadriloba	1
Ptilidium ciliare	1

Ich vermutete, daß es sich hier um eine sekundäre Gesellschaft handelt und damit die *Dryas*-Heide als Verwüstungsstadium einer anderen Gesellschaft zu betrachten ist und erkundigte mich diesbezüglich beim Autor Rolf Nordhagen. Er schrieb mir, daß dies nicht der Fall ist und daß *Salix herbacea* in Skandinavien in allen möglichen Gesellschaften als untergeordneter Bestandteil vorkommt. Nordhagen schrieb mir auch, daß *Vaccinium uliginosum* in Skandinavien eine alpine Rasse oder einen alpinen Ökotypus besitzt, der gar nicht azidiphil ist, worauf er und Du Rietz mehrmals aufmerksam gemacht haben. Nordhagen verweist noch darauf, daß es sich in obiger Aufnahme um ein Gemisch von basiphilen und azidiphilen Arten handelt, in welchen die basiphilen und neutrophilen unbedingt die Übermacht haben.

Daraus ersehen wir klar, wie völlig anders die Lebens- und damit Konkurrenzbedingungen der verschiedenen Arten in den Alpen und in Skandinavien sind, denn in den Alpen wäre ein *Dryas octopetala*-Bestand mit so vielen azidiphilen Arten als sekundäre Gesellschaft anzusprechen.

2. Die sekundären *Dryas*-Heiden basischer Bodenunterlage in windgeschützter, schneereicher Lage.

Eine sekundäre *Dryas octopetala*-Heide untersuchte ich ober der Erlacherhütte im Langalpental ob Radenthein in Kärnten und fand folgenden floristischen Aufbau in 1950 m Seehöhe:

Dryas octopetala	4.5
Salix retusa } *Salix serpyllifolia* }	2.2
Carex firma	2.2
Anthyllis alpicola	1.2
Loiseleuria procumbens	1.2
Vaccinium uliginosum	1.2
Gentiana Kochiana	1.1
Gentiana Clusii	+
Vaccinium Vitis-idaea	+
Primula minima	+
Pedicularis rosea	+
Polygonum viviparum	+
Ranunculus hybridus	+
Tofielda calyculata	+
Sesleria varia	+
Carex sempervirens	+
Homogyne alpina	+
Homogyne discolor	+
Aster Bellidiastrum	+
Silene acaulis	+
Chamaeorchis alpina	+

Aus vergleichenden Untersuchungen erfahren wir, daß diese *Dryas*-Heide ein Waldverwüstungsstadium eines Pinetum Mugi calcicolum acidiferens ist, also eines *Pinus Mugo*-Bestandes, welcher eine den darunter liegenden Kalkboden isolierende saure Auflagehumusschicht gebildet hat.

Ich stelle diese *Dryas*-Heide zum

„Loiseleurietum pinetosum Mugi ↘ DRYADETUM octopetalae loiseleurietosum ↗ Caricetum firmae".

Syngenetische Differenzialarten des Loiseleurietums sind: *Loiseleuria procumbens, Vaccinium uliginosum, Gentiana Kochiana, Vaccinium Vitis-idaea, Primula minima, Homogyne alpina.*

Syngenetische Differenzialarten der Beziehung zum Caricetum firmae sind: *Carex firma, Gentiana Clusii, Saxifraga caesia, Chamaeorchis alpina, Pedicularis rosea.*

Die *Loiseleuria procumbens*-Heide ist eine sekundäre Heide, welche Beziehung zur *Salix retusa - Homogyne discolor* - Gesellschaft schneereicher Lagen besitzt. Ich habe diese in meiner Karawanken-Monographie unter *Loiseleuria procumbens - Homogyne discolor* - Assoziation beschrieben.

Eine moosreiche *Dryas octopetala*-Assoziation untersuchte Thore Fries auf dem westlichen Abhang von Peldsa, nahe der norwegischen Grenze, auf mäßig feuchtem, 5 cm tiefem Humusboden.

Floristischer Aufbau:

Blütenpflanzen:

Dryas octopetala	4
Festuca ovina	2
Salix herbacea	2
Salix polaris	
Salix polaris × herbacea	
Calamagrostis lapponica	1
Hierochloë alpina	1
Pedicularis hirsuta	1
Vaccinium Vitis-idaea	1
Carex rigida	1
Salix reticulata	1
Andromeda tetragona	1
Antennaria alpina	1
Bartschia alpina	1
Campanula uniflora	1
Carex rupestris	1
Luzula spicata	1
Luzula arcuata	1
Vaccinium uliginosum	1
Pedicularis lapponica	1
Polygonum viviparum	1
Potentilla verna	1
Thalictrum alpinum	1

Moose und Flechten:

Sphaerocephalus turgidus	3
Hylocomium proliferum	
Grimmia hypnoides	
Dicranum rufescens	
Dicranum Bergeri	
Amblystegium revolvens	
Ptilidium ciliare	
Peltigera aphthosa	2–3
Stereocaulon paschale	2
Stereocaulon tomentosum β alpinum	2
Cladonia gracilis β macroceras	1–2
Nephroma expallidum	1–2
Cladonia coccifera	1
Cladonia rangiferina α vulgaris	1
Cladonia uncialis	1
Gyalecta foveolaris	1
Lecanora hypnorum	1
Lecanora pallescens	1
Lecanora tartarea	1
Lopadium pezizoideum	1
Pertusaria bryantha	1
Rinodina turfacea	1
Sphyridium placophyllum	1

Diese moosreichen *Dryas*-Bestände sind an kalkhaltige Schieferunterlagen gebunden und vermutlich nicht so windausgesetzt wie die flechtenreiche *Dryas*-Heide.

Diese Annahme geht wohl auch aus dem Auftreten von *Salix herbacea, Salix reticulata, Peltigera aphthosa* hervor.

Ich stelle diese *Dryas*-Heide zum DRYADETUM nivale sec.

Ich vermute, daß auch diese *Dryas*-Heide ein sekundäres Verwüstungsstadium ist.

II. Die *Dryas octopetala*-Heiden basisch-silikatischer Mischböden.

A. Die *Dryas*-Heiden basisch-silikatischer Bodenunterlage in windoffener, schneearmer Lage.

1. Die primären *Dryas*-Heiden.

Eine *Dryas octopetala*-Heide auf basisch-silikatischer Bodenunterlage untersuchte ich in der Törlscharte in 2000 m Seehöhe auf 5° Nord geneigter, windausgesetzter Kuppe und fand folgenden floristischen Aufbau:

Dryas octopetala	4.3	*Lloydia serotina*	+
Carex firma	2.3	*Antennaria carpatica*	+
Carex mucronata	1.2	*Carex capillaris*	+
Sesleria sphaerocephala	1.2	*Gentiana nivalis*	+
Helianthemum alpestre	1.1		
Polygonum viviparum	1.1	*Cetraria nivalis*	1.2
Saxifraga caesia	+.2	*Thamnolia vermicularis*	1.2
Pedicularis rosea	+	*Cetraria islandica*	1.2
Primula minima	+		

Wir haben es hier mit einem flechtenreichen *Dryas*-Bestand zu tun, welcher sich auf basisch-silikatischem Mischboden zum Caricetum firmae entwickelt.

„DRYADETUM octopetalae cetrariosum calcicolum + silicicolum ↗ Caricetum firmae".

Differenzialarten des silikatischen Bodens sind hier: *Primula minima, Lloydia serotina, Antennaria carpatica.*

Differenzialarten der für windausgesetzte Lage besonders bezeichnenden Ausbildung „cetrariosum" sind hier: *Cetraria nivalis, Thamnolia vermicularis, Carex mucronata, Sesleria sphaerocephala.*

Syngenetische Differenzialarten der Entwicklungsrichtung zum Caricetum firmae sind hier: *Carex firma, Pedicularis rosea.*

2. Die sekundären *Dryas*-Heiden windoffener, schneearmer Lage über basisch-silikatischer Bodenunterlage.

Diese sekundären *Dryas*-Heiden besitzen eine ganze Reihe azidiphiler Begleiter. Ihr Auftreten verdanken diese nicht nur einer, den darunter liegenden Kalkboden isolierenden sauren Humusschicht, sondern auch dem silikatischen Bodenanteil.

B. Die *Dryas*-Heiden basisch-silikatischer Bodenunterlage in windgeschützter, schneereicher Lage.

1. Die primären *Dryas*-Heiden

dieser Umwelt treffen wir da und dort an. Diese unterscheiden sich von denen mit rein basischer Bodenunterlage dadurch, daß auch azidiphile Arten neben den basiphilen auftreten und diese ihr Vorkommen ausschließlich dem Anteil an silikatischem Bodenmaterial verdanken.

2. Die sekundären *Dryas*-Heiden basisch-silikatischer Bodenunterlage in windgeschützter, schneereicher Lage.

Auch diese sekundären *Dryas*-Heiden besitzen eine ganze Reihe azidiphiler Begleiter. Ihr Auftreten verdanken diese nicht nur einer den darunter liegenden basischen Boden isolierenden sauren Humusschicht, sondern auch dem silikatischen Bodenanteil.

Einen sekundären *Dryas octopetala*-Bestand auf basisch-silikatischem Mischboden untersuchte ich in einer flachen Mulde am Melitzenplateau und fand folgenden floristischen Aufbau:

Dryas octopetala	4.3	*Phyteuma hemisphaericum*	+.2
Carex firma	3.2	*Antennaria dioica*	+.2
Sesleria varia	2.2	*Saponaria pumila*	+.2
Primula minima	2.2	*Loiseleuria procumbens*	+.2
Elyna myosuroides	2.2	*Armeria alpina*	+.2
Trisetum alpestre	2.2	*Carex atrata*	+
Carex capillaris v. *minima*	+.2	*Selaginella selaginoides*	+
Saxifraga caesia	+.2	*Aster Bellidiastrum*	+
Helianthemum alpestre	+.2	*Polygonum viviparum*	+
Silene acaulis	+.2	*Anthyllis alpicola*	+
Saxifraga aizoides	+.2	*Chamaeorchis alpina*	+
Salix Jacquinii	+.2	*Euphrasia salisburgensis*	+
Arenaria ciliata ssp. *tenella*	+.2	*Euphrasia minima*	+
Salix retusa	+.2	*Erigeron uniflorus*	+
Salix serpyllifolia	+.2	*Campanula alpina*	+
Salix reticulata	+.2	*Gentiana verna*	+
Valeriana celtica	+.2	*Pinguicula alpina*	+
Hieracium alpinum	+.2		
Hieracium Pilosella	+.2	*Cetraria islandica*	2.2

Wir haben hier ein DRYADETUM octopetalae caricetosum firmae vor uns, welches im Gletscherweiden-Bestand Salicetum retusae-reticulatae aufgekommen ist und sich zum Caricetum firmae weiterentwickelt.

Ich stelle daher diesen Silberwurzteppich zum

„Salicetum retusae-reticulatae ↗ DRYADETUM octopetalae sec. ↗ Caricetum firmae".

Aus vergleichenden Untersuchungen erfahren wir, daß dieser *Dryas octopetala*-Bestand ein Verwüstungsstadium des *Elyna myosuroides*-Bestandes ist und sich vermutlich wieder dorthin entwickeln wird.

Im Sinne der Charakterartenlehre Braun-Blanquets gehört unser *Dryas*-Bestand zum „Caricetum firmae elynetosum myosuroidis“ mit den Charakterarten: *Carex firma, Saxifraga caesia* und zwar zur *Dryas octopetala*-Fazies.

Wir würden auch keinen großen Fehler begehen, wenn wir ihn zum „Elynetum myosuroidis caricetosum firmae“ stellen würden, und zwar auf Grund der Charakterarten: *Carex atrata, Arenaria ciliata* ssp. *tenella, Carex capillaris* ssp. *minima.*

Azidiphile Differenzialarten des silikatischen Mischbodens sind hier: *Valeriana celtica, Hieracium alpinum, Hieracium Pilosella, Phyteuma hemisphaericum, Euphrasia minima, Erigeron uniflorus, Antennaria carpatica, Saponaria pumila, Campanula alpina, Loiseleuria procumbens.*

In diesem Zusammenhange möchte ich besonders darauf hinweisen, daß es eine irrige Ansicht ist, wenn hinausgestellt wird, daß der Nacktriedrasen (Elynetum) nur sehr windausgesetzte, wintersüber schneefreie Örtlichkeiten besiedelt.

Wir treffen ihn auch in sehr windgeschützten Lagen. So verweist auch Braun-Blanquet: „Nicht, daß *Elyna* dauernde Schneefreiheit zu ihrem Gedeihen benötigte. Sie entwickelt sich ebensogut unter mäßigem Schneeschutz. Aber nur an schneefreien Windecken vermag sie auf die Dauer im Wettbewerb mit anderen Glumifloren das Feld zu behaupten.“

Verschiedene Silberwurzteppiche anderer Autoren.

G. Einar Du Rietz zeigt zur Kenntnis der flechtenreichen Zwergstrauch-Heiden im kontinentalen Süd-Norwegen auf, daß *Dryas*-Heiden nur in den kalkreichen höheren Teilen des Tron vorkommen. „In einer Höhe von 1120 bis 1150 m beginnen die moosreichen *Dryas*-Heiden; sie werden sofort recht häufig. Sie kommen vorwiegend auf schwach geneigten und durch hervorquellendes Kalkwasser gut bewässerten Hängen vor.“

Du Rietz unterscheidet hier drei Assoziationen:

1. die *Dryas - Hylocomium rugosum* - [= *Rhytidium rugosum*] - Ass.,
2. die *Dryas - Hylocomium proliferum* - [= *Hylocomium splendens*] - Ass.,
3. die *Dryas - Sphaerocephalus turgidus* - Ass.

G. Einar Du Rietz zeigt in seiner Studie über die flechtenreichen Zwergstrauch-Heiden im kontinentalen Süd-Norwegen auf, daß seine *Dryas octopetala - Cetraria nivalis* - Assoziation eine ausgesprochene Kalkassoziation ist, die auf dem Tron nur in den höheren Regionen, in denen die anderen Zwergstrauch-Heiden schon aufgehört haben, auftritt.

Du Rietz hat diese *Dryas*-Heide auf dem eigentlichen Tron in einer Höhe von 1200 – 1400 m massenhaft gesehen, während er auf den Dolomitfelsen, den charakteristischesten Standorten dieser Gesellschaft, nur nackte und moosreiche *Dryas*-Heiden mit vereinzelten bis spärlichen Flechten gesehen hat.

B. Pawłowski und K. Stecki untersuchten in Konezysta Turnia (= Elyasza) in zirka 1200 m Seehöhe auf einem 15 – 20° Nordhang auf Jurafelsenschutt am 30. August 1924 einen *Dryas octopetala*-Bestand, den sie als *Dryas octopetala*-Fazies dem Caricetum firmae anschlossen.

F l o r i s t i s c h e r A u f b a u :

Dryas octopetala	4.4	*Vaccinium Vitis-idaea*	+
Carex firma	2.3	*Primula minima*	+
Aster Bellidiastrum	2.1	*Pinguicula alpina*	+
Festuca varia	1.2	*Carex tatrorum*	+
Crepis Jacquini	1.1	*Galium sudeticum*	+
Gentiana Clusii	1.1	*Selaginella selaginoides*	+
Thymus sudeticus	1.1	*Soldanella carpatica*	+
Pedicularis verticillata	1.1	*Androsace lactea*	+
Phyteuma orbiculare	1.1	*Asplenium viride*	+
Parnassia palustris	1.1	*Campanula Kladniana*	+
Saxifraga caesia	+.2	*Euphrasia salisburgensis*	+
Saxifraga Aizoon	+.2	*Veronica aphylla*	+
Tofielda calyculata	+.2		

Ich vermute, daß auch diese *Dryas*-Heide ein Waldverwüstungsstadium des Pinetum Mugi calcicolum ist; denn die beiden Autoren schreiben selbst, daß das Firmetum seine größte Verbreitung in der Legföhrenstufe hat. Dazu kommt, daß ein 15 – 20° Nordhang ohne weiteres bewaldet werden kann.

Die azidiphilen Arten *Festuca varia, Vaccinium Vitis-idaea, Primula minima,* wurzeln vermutlich im übriggebliebenen sauren Rohhumusboden. Demnach stelle ich diesen *Dryas*-Bestand im Sinne meiner Vegetationsentwicklungstypen zum

Pinetum Mugi calcicolum ↘ DRYADETUM octopetalae ↗ Caricetum firmae.

W i r t s c h a f t l i c h e F o l g e r u n g e n : Daraus ziehen wir die Folgerung, daß in windausgesetzten offenen Lagen der Abhieb der *Pinus Mugo*-Bestände zur Verkarstung führt und die Rasengesellschaften der Alpenstufe in die Waldstufe bringt.

W. S z a f e r und B. P a w ł o w s k i bringen in ihrer Arbeit: „Die Pflanzenassoziationen des Tatra-Gebirges" eine *Dryas octopetala*-Fazies der *Festuca varia - Sesleria Bielzii* - Assoziation mit folgendem floristischen Aufbau:

Dryas octopetala	4.5	*Vaccinium Myrtillus*	+.2
Salix reticulata	3.3	*Cerastium lanatum*	+
Silene acaulis	2.4	*Potentilla Crantzii*	+
Festuca supina	2.4	*Carex tatrorum*	+
Festuca varia	2.2	*Gentiana Clusii*	+
Alchemilla palmata	2.2	*Campanula Kladniana*	+
Thymus sudeticus	2.2	*Galium sudeticum*	+
Agrostis rupestris	2.2	*Parnassia palustris*	+
Polygonum viviparum	2.1	*Soldanella carpatica*	+
Selaginella selaginoides	2.1	*Saxifraga Aizoon*	+
Ranunculus montanus	1.1	*Veronica aphylla*	+
Androsace Chamaejasme	1.1	*Poa alpina*	+
Euphrasia salisburgensis	1.1	*Potentilla aurea*	+
Cerastium Raciborskii	1.1	*Geum montanum*	+

Homogyne alpina	+	*Carex firma*	r
Luzula albida	+	*Leontodon tatricus*	r
Minuartia Gerardi	+		
Pinguicula alpina	+	Flechten:	
Saxifraga aizoides	+	*Cetraria islandica*	2.3

Diese *Dryas octopetala*-Gesellschaft wurde am 24. Juli 1923 am Ciemniak-Hang gegen den Twardy Uplaz, etwa 2000 m, auf Triaskalkboden aufgenommen.

Wenn die beiden Autoren aufzeigen, daß es im Tatra-Gebirge nur wenige Pflanzengesellschaften gibt, für die es so schwer fallen würde, Charakterarten auszusuchen, wie für die *Festuca varia - Sesleria Bielzii* - Assoziation, so hängt dies meiner Überzeugung nach damit zusammen, daß diese Pflanzengesellschaft als Waldverwüstungsstadium zu werten ist. *Festuca varia, Vaccinium Myrtillus. Homogyne alpina, Agrostis rupestris, Luzula albida, Potentilla aurea, Geum montanum,* wurzeln im Rohhumus des ehemaligen Latschenbestandes.

Thymus sudeticus, Alchemilla palmata verdanken ihr Hervortreten der Weideraubwirtschaft.

Ich vermute, daß dieser *Dryas octopetala*-Bestand ein sekundäres Waldverwüstungsstadium ist, welches sich in schneereicher Lage früher oder später wieder bewalden würde.

Ich stelle daher diesen *Dryas octopetala*-Bestand im Sinne der Vegetationsentwicklungstypen zum

„Pinetum Mugi calcicolum ↘ DRYADETUM octopetalae salicetosum reticulatae ↗ (Pinetum Mugi)",

also zum sekundären *Dryas octopetala*-Bestand, welcher ein Waldverwüstungsstadium des Pinetum Mugi calcicolum ist und sich früher oder später wieder dorthin entwickeln würde. Ich klammere „Pinetum Mugi" ein, weil die Wiederbewaldung überaus lang, also viele Jahrhunderte, dauern dürfte und daher unsere *Dryas*-Heide eine Dauergesellschaft ist.

Als Waldrelikte sehe ich an: *Homogyne alpina, Vaccinium Myrtillus.*

Schon höre ich den Einwand, daß dies doch nicht möglich sei, da ja in diesen Höhen *Pinus Mugo* gar nicht mehr vorkommen kann. Auf diesen Einwand antworte ich mit einem Zitat von B. Pawłowski:

„Die oberhalb der Waldgrenze ursprünglich herrschenden Knieholzgebüsche sind im Koscieliska-Tale wie auch in vielen anderen Teilen des Tatra-Gebirges zum guten Teil der unvernünftigen menschlichen Weidewirtschaft zum Opfer gefallen und haben auf beträchtliche Flächen hin den Vaccinieta, hie und da auch kurzgrasigen Matten, den Platz räumen müssen. Insbesondere ist dies in höheren Lagen der Fall, ein Umstand, der die Bestimmung der natürlichen oberen Grenze der Legföhrengebüsche sehr erschwert."

Buchbesprechung

Aufgaben und Methoden der Vegetationskunde.

(Teil 1 der „Grundlagen der Vegetationsgliederung"), erschienen als Band IV der Einführung in die Phytologie. Von Professor Dr. Heinz Ellenberg. 136 Seiten mit 40 Abbildungen und Tabellen. Verlag E. Ulmer, Stuttgart, 1956.

Mit der vorliegenden Arbeit stellt sich der 1. Teil des IV. Bandes von H. Walters „Einführung in die Phytologie" der Öffentlichkeit vor. Das gut ausgestattete Buch entstammt der Feder seines früheren Mitarbeiters, Professor Dr. H. Ellenberg, und ist als Einführung in die Vegetationskunde für Studierende der Hochschulen vorgesehen. Einleitend behandelt er in sachlich-gedrängter Form die sechs hauptsächlichsten Richtungen innerhalb der Vegetationskunde, also die rein beschreibende, systematische, ökologische, experimentelle, dynamische und arealgeographische. Die Verschiedenartigkeit unserer Pflanzendecke macht es unmöglich, sich bei deren Erforschung etwa gar nur einer Methode bedienen zu wollen. Es ist der Sache weit dienlicher, wenn jeweils von Seiten des Objektes, der Problemstellung und des Untersuchungsortes aus überlegt wird, welche Methode für den Einzelfall am besten geeignet und daher anzuwenden ist.

Ist die Pflanzengemeinschaft ein Organismus oder eine Individuenkombination? Noch vor etlichen Jahrzehnten wurde sie vielfach als Organismus aufgefaßt, doch hat sich diese Ansicht manchenorts gewandelt. Selbstverständlich stehen alle wildwachsenden Pflanzen untereinander in zahlloser Beziehung, als Einzelpflanzen zu einer Gemeinschaft gruppiert fehlt ihnen aber doch die organismische Ganzheit. Der Verfasser deutet darum eine Pflanzengemeinschaft als eine umweltabhängige Kombination von Pflanzenindividuen, die miteinander im Wettbewerb stehen und ihrerseits ihre Umwelt verändern.

Der 2. Abschnitt behandelt die Untersuchungen von Pflanzenbeständen. Dabei wird hervorgehoben, daß allein schon die Auswahl und die Größe der Probeflächen von entscheidender Bedeutung sind, denn sie liefern das Rohmaterial. Ist die Örtlichkeit festgehalten, beginnt die Erarbeitung mit der listenmäßigen Erfassung aller in dieser Probefläche vorkommenden Pflanzenarten, sie werden ergänzt durch Angaben über die Mengenverhältnisse, Vitalität und Dichte innerhalb der einzelnen Schichten oder des ganzen Bestandes. Frequenz- und Lebensformenbestimmungen werden gewöhnlich nur in Sonderfällen durchgeführt. Wenn irgend möglich, wird eine Beschreibung des betreffenden Bodenprofiles vorgenommen.

Ein weiterer Abschnitt bespricht Vegetationseinheiten und Vegetationssysteme, auf den hier etwas näher eingegangen wird. Da die Artenkombinationen der Pflanzengemeinschaften wohl variabel sind, aber doch gesetzmäßig von ihrer Umwelt abhängen, lassen sich diese Gemeinschaften lokal zu gewissen Typenbegriffen wie Formation, Soziation, Assoziation usw. fassen. Mehrfache Gründe bedingen nun, daß jede Vegetationsgliederung, soll sie einigermaßen detailliert sein, immer zu einem gut Teil willkürlich erfolgen muß. Daraus resultieren natürlich verschiedene Vegetationssysteme, die vom Verfasser einzeln behandelt werden, wobei besonders auf Fragen der Vegetationsgliederung eingegangen wird. Selbstverständlich spielen hier neben der persönlichen Einstellung des Beobachters die geographischen Gegebenheiten eine Hauptrolle. Ausführlich wird die Vegetationsgliederung mit Hilfe des tabellarischen Vergleiches aufgezeigt. Mehrere ganzseitige Tabellen zeigen die Durcharbeitung von Vegetationsaufnahmen; wie aus der „Rohtabelle" die „Stetigkeitstabelle" wird und wie z. B. mit Hilfe von „geordneten Teiltabellen" durch synthetische Betrachtung die jeweiligen Differenzialarten ermittelt werden. Nach dem Vorhandensein oder Fehlen solch örtlich gültiger Trennartengruppen wird die „differenzierte Tabelle" erstellt, die schließlich zu einer „charakterisierten" umgebaut wird. Durch diese Arbeitsfolge wird eine weitgehend objektive Ordnung des Aufnahmematerials erreicht. Der Absatz schließt mit der bedeutungsvollen Feststellung, daß unserer wechselvollen Pflanzenwelt wohl nur eine unhierarchisch aufgebaute Ordnung der Pflanzengemeinschaften gerecht werden kann.

Heute gilt vor allem auch eine Vegetationsgliederung mit Hilfe von ökologischen Gruppen als sehr aktuell. Als solche werden Pflanzenarten zusammengefaßt, die sich sowohl in ihrem ökologischen als auch soziologischen Verhalten eindeutig ähneln. Ihre Vorteile besonders für die Praxis sind unbestreitbar, vorausgesetzt, daß von jeder einzelnen Pflanzenart ihre Standortbeziehungen bekannt, bzw. meßbar sind. Zwei Tabellen illustrieren das Arbeiten mit solchen Gruppen. An mehrschichtigen Pflanzengemeinschaften sind natürlich auch mehrere ökologische Gruppen beteiligt, was am Beispiel einiger Ackerunkraut-Gesellschaften besprochen wird.

Über die vom Institut für angewandte Pflanzensoziologie (Vorstand Univ.-Prof. Dr. E. Aichinger) begründete und vertretene dynamisch-genetische Vegetationsgliederung meint Ellenberg wohl richtig, daß sich die von Aichinger aufgestellten Vegetationsentwicklungstypen nur dort rechtfertigen lassen, wo der Verlauf der Vegetationsentwicklung bekannt ist. Nicht unwidersprochen sei jedoch Ellenbergs nächster Satz. Es heißt da: „In weniger gründlich studierten Teilen des Gebirges oder in Gebieten mit geringerer Reliefenergie und dementsprechend weniger lebhafter Vegetationsdynamik dagegen kann die Nominierung von Entwicklungstypen nur Verwirrung stiften." Nun stellt doch Aichinger zum Vegetationsentwicklungstyp „. . . alle diejenigen physiognomisch einheitlichen Pflanzenbestände, die sowohl in ihren floristischen und soziologischen Merkmalen als auch in ihrem durch die Standortverhältnisse bedingten Haushalt übereinstimmen und demselben Stadium einer Entwicklungsreihe angehören." Damit ist aber klar formuliert, daß eben nur dort und erst dann von Entwicklungstypen gesprochen werden kann, wo und wann der Verlauf der Vegetationsentwicklung auch sicher bekannt ist. Wo das Untersuchungsgebiet nun geographisch liegt, ist von untergeordneter Bedeutung. Vergleichende Betrachtungen können allerdings nur in Gebieten mit ähnlicher florengeschichtlicher Vergangenheit angestellt werden. Was soll hier Verwirrung stiften? Ist es denn nicht bei allen anderen Methoden genau so? So können Pflanzengemeinschaften nur dann auf Grund von Charakterarten gefaßt werden, wenn Charakterarten ermittelt wurden. Eine Fassung zu Soziationen und Konsoziationen wieder ist nur dort möglich, wo es in den verschiedenen Vegetationsschichten dominierende Arten gibt. Nach keiner Methode können ohne gründliches Studium eines Gebietes deren Pflanzengemeinschaften beschrieben werden.

Im folgenden Kapitel über Sukzessionsfragen werden als Entwicklungsreihen eine primär-progressive, eine regressive und schließlich eine sekundär-progressive angeführt. Für alle Belange der angewandten Pflanzensoziologie ist das Studium vor allem der sekundär-progressiven Entwicklung von entscheidender Bedeutung. Wohl zu Unrecht wurden gerade dieser Sukzessionsreihe nur wenige Zeilen gewidmet. Abschnitt IV behandelt die räumliche Gliederung und Kartierung der Vegetation. Treten Pflanzengesellschaften ausgesprochen mosaikartig auf, werden sie als Gesellschaftskomplexe im weiten Sinne bezeichnet. Nach Du Rietz werden innerhalb der natürlichen Gesellschaftskomplexe vier Rangstufen unterschieden. Heute überwiegen in Europa jedoch die vom wirtschaftenden Menschen geschaffenen und erhaltenen Gesellschaftskomplexe der Kulturlandschaft. Ellenberg hat in Fragen der Vegetationskartierung bereits eine überaus reiche Erfahrung. Das kartenmäßige Festhalten von bestimmten Vegetationseinheiten kommt auch immer mehr in Anwendung und wird besonders von Seite der Forst- und Landwirtschaft, aber auch aus Kreisen des Meliorationswesens gefordert. Sorgfältig ausgeführte Kartierungen geben innerhalb einer beschränkten Zeitspanne den wahren physiognomischen Eindruck der vorhandenen Pflanzenbestände wieder. Soll eine Karte noch Assoziationen unterscheiden, darf der Maßstab nicht kleiner als 1 : 25.000 sein. Es ist verständlich, daß die Wahl der Signaturen und die Farbgebung entscheidend für die Brauchbarkeit der Karte sind.

Im letzten Abschnitt werden Fragen der kausalen Vegetationskunde angeschnitten. Über die Ursachen der Entstehung bestimmter Pflanzengemeinschaften, die Gründe der Gesellschaftsbildung, kurz: „wie Artenkombinationen unserer Pflanzenbestände überhaupt entstehen". Trotz aller modernen Erkenntnisse der letzten Jahre liegt hier der Forschung noch sehr viel Neuland vor. Vereinigt doch jede einzelne Detailfrage wiederum Summen von verschiedenen Ursachen, denen nachzuspüren und ihnen eine richtige Deutung zu geben meist eine ungemein schwierige Sache ist. Als mögliche Ursachen für die Ausbildung bestimmter Pflanzengemeinschaften werden genannt: Die Flora des Gebietes, die Erreichbarkeit des Wuchsortes und als übergeordnetes Moment die Zeit. Sehr wechselvoll sind die Möglichkeiten der Pflanzenarten, sich neue Wuchsorte zu erringen. Durch vielerlei Verbreitungsmittel kommen oft selbst auf kleinsten Bodenflächen eine Unzahl von Samen. Mit der einsetzenden Keimung aber sind sie auf jedem Wuchsort sowohl einer arten- als auch individuenmäßigen einschneidenden Auslese unterworfen. Letztes Ziel der kausalen Vegetationskunde ist es, die Summe des Zusammenwirkens aller Faktoren zu analysieren. In Fragen der quantitativen Analyse von Standortfaktoren wird auf Ellenbergs Ausführungen im Band III, Teil 1, der Einführung in die Phytologie, seiner „Standortslehre“, hingewiesen.

Das abschließende Kapitel bespricht ausführlich die Bedeutung der Konkurrenz. In einer gründlichen Studie wird das physiologische und ökologische Verhalten bestimmter Pflanzenarten behandelt. Es wurde ermittelt, daß auf den meisten Standorten gar nicht diese Arten sich zu einer Gemeinschaft finden, die auf diesen ihr physiologisches Optimum hätten! Dies trifft vornehmlich für Pflanzen von niedrigem und langsamem Wuchs zu. Sobald solche Arten im Mischbestand stehen, erzwingt die Konkurrenz eine Abänderung des sonst im Einzel- oder Reinbestand üblichen physiologischen Verhaltens. Mit Einsetzen bestimmter Wettbewerbswirkungen zwingt ihr gleichsam die Umgebung ein „ökologisches Verhalten“ auf. Ellenberg konnte zeigen, daß schon die Mischkultur zweier Arten genügen kann, um hier beträchtliche Verschiebungen bezüglich Ansprüche an bestimmte Faktoren auszulösen.

Methodisch aufgebaute Vorschläge für vegetationskundliche Übungen, ein Literaturverzeichnis und ein Register der im Text verwendeten Fachausdrücke beschließen diese gut bearbeitete Darstellung der Vegetationskunde. Der noch im Druck befindliche 2. Teil wird die Vegetation Mitteleuropas mit allen wichtigen Pflanzengesellschaften und ihren Beziehungen zueinander behandeln.

Dipl.-Ing. Albin Albl.